软体机器人导论

文力 王世强 著

清华大学出版社
北京

内 容 简 介

软体机器人是机器人研究的新兴、前沿研究方向。在综合大量文献资料的基础上,结合作者多年来从事软体机器人研究的学术成果,本书系统介绍了软体机器人领域的基础知识和前沿进展。全书共 6 章,包括绪论,软体机器人的驱动与传感,软体机器人的材料、设计与制造,软体机器人的建模与控制,软体机器人的应用,软体机器人未来展望。每章都附有习题,方便感兴趣的读者进一步钻研探索。

本书可作为全国高等学校相关专业的本科生或研究生教材,也可供对软体机器人感兴趣的研究人员和工程技术人员阅读参考。

图书在版编目(CIP)数据

软体机器人导论/文力,王世强著.—北京:清华大学出版社,2022.6 (2023.8重印)
ISBN 978-7-302-60138-8

Ⅰ.①软… Ⅱ.①文… ②王… Ⅲ.①机器人－研究 Ⅳ.①TP242

中国版本图书馆 CIP 数据核字(2022)第 025852 号

责任编辑:陈景辉
封面设计:刘 键
责任校对:徐俊伟
责任印制:曹婉颖

出版发行:清华大学出版社
   网   址:http://www.tup.com.cn,http://www.wqbook.com
   地   址:北京清华大学学研大厦 A 座   邮 编:100084
   社 总 机:010-83470000   邮 购:010-62786544
   投稿与读者服务:010-62776969,c-service@tup.tsinghua.edu.cn
   质量反馈:010-62772015,zhiliang@tup.tsinghua.edu.cn
   课件下载:http://www.tup.com.cn,010-83470236
印 装 者:三河市东方印刷有限公司
经 销:全国新华书店
开 本:170mm×240mm 印 张:9   字 数:151 千字
版 次:2022 年 7 月第 1 版   印 次:2023 年 8 月第 3 次印刷
印 数:2001~2800
定 价:69.90 元

产品编号:093606-01

前　　言

　　人工智能是我国的国家发展战略之一,而机器人是人工智能的重要载体。随着科学技术的发展,机器人在人类社会中发挥着越来越重要的作用。但目前机器人面临的一项核心挑战是如何与自然界安全交互,以及如何在非结构化环境下作业。传统刚性机器人因其结构和材料多采用硬质材料,结构与材料自身不能随外界环境变形且自适应不足等因素,在安全交互、非结构化环境作业等领域面临挑战。因此,研究人员开始从机器人的结构与材料、制造方法、感知与驱动等维度展开新的探索。随着智能材料、柔性驱动与传感、多材料 3D 打印、微纳米加工技术的发展,一种新的机器人类型——软体机器人——在近十年成为了国际学术界研究热点。美国麻省理工学院计算机科学与人工智能实验室主任、美国国家工程院院士 Daniela Rus 将"软体机器人"列为机器人领域十二大前沿技术之首。在中国工程院发布的《全球工程前沿 2020》文件中,"软体机器人"位列十大前沿领域。

　　软体机器人具备柔顺性与大变形能力,可高效、安全地与非结构化环境和自然界生物进行交互。自然界柔性体生物灵巧的结构与高效的运动机理为软体机器人的设计提供了丰富的灵感。基于柔性材料的仿生软体机器人能够和生物体一样通过不同结构、不同形态变化获取不同的运动模式。在仿生灵感的指导下,软体机器人实现了抓取、爬行、跳跃、滚动、游动等多种仿生运动,在人机交互、医疗康复、特种作业等领域有诸多潜在的应用。同时,软体机器人作为一项多学科交叉领域,其研究不但有利于推动各类作业机器人新型样机的研发,还有利于揭示自然界生物在形态学、材料学、力学、运动学等方面的科学问题。

　　作者多年来一直从事软体机器人的教学和科研工作,在北京航空航天大学主讲"软体机器人"这门研究生课程。尽管软体机器人已成为研究热点,但截至2021 年,国内高校尚没有一本相关教材,导致学生只能通过阅读论文获得片面的信息。软体机器人在材料、传感、驱动、建模和控制等方面均与传统刚性机器人有很大不同,故若以现有的传统刚性机器人教材作为学习的参考资料,作用有限。因此,作者深感有必要编写一本软体机器人导论,作为相关课程学生以及对软体机器人感兴趣的研究人员的入门学习资料,助力软体机器人研究人员的科研工作。

本书主要内容

为了使读者能够更好地理解本书内容,作者试图尽可能少地使用数学知识,尽量以通俗的语言并辅以大量的插图进行介绍。此外,由于软体机器人是机器人学中一个新兴的分支学科,许多高校也早已开设了机器人学课程。因此,本书直接引用了大量机器人学中的专业术语。建议选修此课程的学生提前或同步学习"机器人学"这门课程,以便更好地理解本书内容。读者也可参考John J. Craig 的《机器人学导论》或 Mark W. Spong 的《机器人建模和控制》这两本经典机器人学教材。

本书共 6 章。

第 1 章主要阐述软体机器人的基础知识,其中,主要介绍软体机器人的定义、特点和应用;着重介绍软体机器人的起源及发展,列举了许多重要的里程碑工作,并分析了该领域广受欢迎并迅速发展的原因。

第 2 章主要介绍软体机器人的驱动与传感。其中,驱动部分详细介绍常用的软体驱动方法,包括流体驱动、线缆驱动、形状记忆材料驱动、电活性聚合物驱动;传感部分详细介绍常用的软体传感技术、软体传感研究进展和软件传感的挑战等;最后简要介绍驱动传感一体化的发展趋势。

第 3 章主要介绍软体机器人的材料、设计与制造。其中,材料部分详细介绍常用的软体材料,包括弹性体、水凝胶、形状记忆聚合物、电活性聚合物、液态金属等;力学与结构设计部分简要介绍几种仿生结构;变刚度部分详细介绍常用的变刚度方法,包括基于拮抗原理、阻塞原理、低熔点合金、电流变液、磁流变液、形状记忆材料变刚度等;最后详细介绍软体机器人制造方法,包括浇筑成型、形状沉积制造、3D 打印等。

第 4 章主要介绍软体机器人的建模与控制。其中,运动学建模部分着重介绍几何模型中的分段常曲率模型和力学模型中的 Cosserat 杆理论;动力学建模部分简要介绍欧拉-拉格朗日方程,详细介绍四种具有代表性的软体机器人动力学建模方法,包括集中参数模型、"虚拟"刚性连杆机器人模型、Cosserat 杆模型和机器学习方法;控制方法部分重点介绍基于模型的静态控制器、无模型静态控制器、基于模型的动态控制器和无模型动态控制器。

第5章主要介绍软体机器人的应用。其中,仿生、特种与极端环境部分详细介绍仿生软体机器人和仿生水下软体机器人的应用;抓取、操作与可穿戴部分重点介绍软体手的应用。

第6章主要介绍软体机器人未来展望。简要分析材料、设计与制造,驱动与传感,建模与控制等方向面对的主要挑战和未来发展趋势。

本书特色

(1) 深入浅出地讲解软体机器人的基本概念和基本原理。
(2) 每章配有习题,以满足读者进一步学习的需求。

配套资源

为便于教学,本书配有教学课件和教学大纲,读者可识别封底"书圈"二维码,关注后回复本书的书号,即可下载。

读者对象

本书可作为全国高等学校相关专业的本科生或研究生教材,也可供对软体机器人感兴趣的研究人员和工程技术人员阅读参考。

王伟、刘昱辰、陈勃翰、陈俊宇、朵有宁、左宗灏、田路峰等负责通读与审阅,并提出了许多宝贵的意见,对本书质量的提高有很大的帮助,在此向他们表示衷心的感谢。

在本书的编写过程中,参考了诸多相关资料。在此对相关资料的作者表示衷心的感谢。

限于个人水平和时间仓促,书中难免存在疏漏之处,欢迎读者批评指正。

编　者
2022 年 5 月

目　　录

第 1 章　绪　　论

1.1　什么是软体机器人

传统机器人基本采用钢铁、硬质塑料等刚性材料加工而成,经过数十年的发展,目前已经在工业、医疗、仿生、特种等诸多领域有了广泛的技术积累和应用。刚性机器人常用材料(如钻石、金属、硬质塑料)的杨氏模量为 $10^9 \sim 10^{12}\mathrm{Pa}$,而自然生物通常由杨氏模量为 $10^4 \sim 10^9\mathrm{Pa}$ 的软体材料(如脂肪、皮肤、肌肉组织)组成,刚性材料和软体材料的杨氏模量如图 1-1 所示。

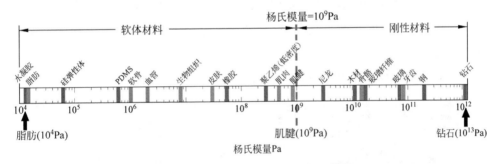

图 1-1　刚性材料和软体材料的杨氏模量

刚性机器人因结构和材料的限制,存在很难克服的两大问题。

(1) 刚性机器人多由铰链和连杆结构组成,每增加一个自由度就需要增加相应的运动副,导致机器人本体结构极其复杂,灵活度有限。

(2) 刚性机器人多用刚性材料,虽然可以通过传感反馈控制与人或者环境交互,但仍具有很大的安全隐患,且材料自身不能随外界环境变形,所有的运动都要靠结构实现,适应性较差。

这些缺点使得刚性机器人在一些特殊的应用领域(如复杂易碎物体抓持、人机交互和有限空间作业等)面临极大的挑战。

近期,随着 3D 打印技术和智能材料的发展,一种新型的机器人——软体机器人得以产生并迅速发展。麻省理工学院计算机与人工智能实验室主任 Daniela

Rus教授在其发表于 *Nature* 上的综述文章中将软体机器人定义为："具有自主行为能力，主要由模量在软体生物材料范围内的材料组成的系统。"在本书中，软体机器人定义为核心部件(如结构、驱动和传感等)由软体材料制成的机器人。

材料上的优势使得软体机器人具备了与生俱来的柔顺性和安全性，加上其自身可变形，具备无限多的自由度，弥补了刚性机器人在环境自适应性和操作安全性方面的不足。

软体机器人具有以下四个方面的特点。

(1) 软体机器人可以大幅度弯曲、扭转和伸缩，并且可以根据障碍物改变自身的运动形态，适用于在微创腹腔手术和灾难救援等有限空间下作业；

(2) 因采用类生物体特性材料加工而成，在仿生结构和仿生运动等方面可以更好地模仿生物原型，揭示生物的运动机理；

(3) 通过化学反应或者外界物理场的刺激可以改变自身的颜色，在伪装逃生和隐形侦察等方面具有极大的应用前景；

(4) 可以根据周围的环境主动或被动地改变自身的形状，并且材料具备很好的抗高温、抗冲击、耐酸碱等特性，在复杂易碎物体抓持和极端环境下作业等方面具有极大的优势。

几种典型的软体机器人如图1-2所示。

(a) 生长型软体机器人

(b) 具有伪装与显示能力的软体机器人

(c) 仿章鱼触手软体机器人

(d) 仿生软体鲫鱼吸盘

图 1-2　几种典型的软体机器人

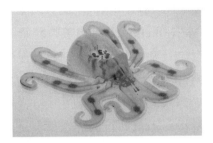
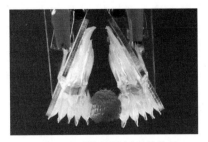

(e) 全软体章鱼机器人Octobot　　　　　　(f) HASEL驱动器制成的软体手

图 1-2　（续）

软体机器人作为一项多学科交叉领域的研究方向，其研究不但有利于推动各类作业机器人新型样机的研发，还有利于揭示自然界生物在形态学、材料学、力学、运动学等方面的科学问题。来自各个不同研究领域的科研人员越来越多地开始对软体机器人展开探索，近年来有多篇软体机器人相关论文相继发表在 *Science* 和 *Nature* 上（数据更新至 2021 年），如图 1-3 所示。软体机器人已然成为一个国际前沿的基础性研究热点。

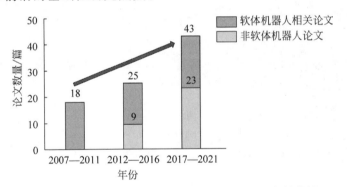

图 1-3　在 *Science* 和 *Nature* 上发表的机器人论文的数量

1.2　软体机器人的起源及发展

根据文献调查，"软体机器人"一词最初是用于描述一种刚性气动手，由于气体的可压缩性，它具有一定程度的物体顺应性。后来，"软体机器人"一词逐渐被应用于各种文章、专利、报告和其他科学文献中，但仍然代表着由刚性材料构成的机器人或类似机器。2008 年，"软体机器人"一词被用来描述具有柔性关节的刚性机器人，以及具有大范围的灵活性、可变形性和适应性的软体材料机器人。

但是，发明完全不同于传统刚性机器人的新型机器人的研究，其实早在专业术语出现之前就已经开始了。20世纪50年代,McKibben开发了用于脊髓灰质炎患者矫形器的编织式气动驱动器。McKibben人工肌肉被广泛研究并用于不同类型的机器人设计。20世纪70年代末,基于颗粒材料的软体手首次问世。20世纪80年代和90年代,出现了基于其他软体材料(如弹性体、流体和凝胶)的机器人。

　　1984年,Wilson第一次将弹性体用于可连续变形的机器人。气动机械臂由4～5个波纹管和另外两个用作抓持器的波纹管组成。当这些波纹管弯曲时,手臂能够拾取、移动和放置不规则形状的物体,如图1-4(a)所示。1990年,Shimachi和Matumoto报告了他们在软体手指方面的研究工作。1991年,Suzumori等设计和制造了三腔道结构的气动微驱动器,其中三个腔道围绕中心轴均匀分布,两两相距120°。有了多个微驱动器,就可以制作多指机械手和六足行走机器人,如图1-4(b)所示。

(a) 波纹管结构的气动软体臂　　　　　(b) 气动微驱动器的应用

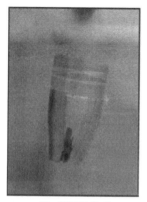

(c) 凝胶爬行机器人　　　　　　　(d) 凝胶软体手

图1-4　几种早期的软体机器人

　　1989 年,Kenaley 和 Cutkosky 第一次将电流变液用于机器人抓持器中。1995 年,Hu 等第一次将凝胶用于机器人抓持器中,如图 1-4(d)所示。1999 年,Otake 等制作了由电活性聚合物凝胶制成的爬行机器人,如图 1-4(c)所示。电流变液和电活性聚合物凝胶都属于电活性聚合物(Electro-active Polymer,EAP)。

　　在近十五年间,软体机器人的研究得到快速发展,各类研究成果层出不穷。在这一发展历史过程中,出现了许多重要的里程碑工作。

　　2007 年,美国国防部高等研究计划局(DARPA)提出化学机器人 Chembots 的研究计划。Chembots 采用软体材料制成,可以自由变形,穿越狭窄的孔隙。

　　2009 年,"章鱼综合项目"(Octopus Integrating Project)启动。该项目由欧洲 5 个国家的 7 家研究机构共同承担,经费约 1000 万欧元,四年时间完成。该项目致力于开发软体仿生章鱼机器人样机,探索研制软体机器人的新方法、新技术、新科学。

　　2010 年,芝加哥大学 Jaeger 教授课题组研制出了基于颗粒阻塞原理的通用软体手。

　　2011 年,哈佛大学 Whitesides 教授课题组研制出了四足多步态软体机器人。

　　2012 年,专注于软体手的软体机器人公司(Soft Robotics Inc,USA)成立。

　　2012 年,IEEE 机器人与自动化学会软体机器人技术委员会(IEEE RAS Technical Committee on Soft Robotics)成立。

　　2013 年,RoboSoft 项目启动。RoboSoft 属于欧盟资助的未来新兴技术开放协调行动计划的项目之一,为期 3 年,参与的机构与研究实验室共计 22 家,旨在汇集和巩固软体机器人社区,以积累和分享该领域科技进步所需的关键知识。

　　2014 年,软体机器人工具包(Soft Robotics Toolkit)发布。

　　2014 年,第一本专题国际期刊 *Soft Robotics*(《软体机器人》)创刊。

　　2016 年,第一款全软体机器人 Octobot 诞生。

　　2017 年,第一届专题国际会议(IEEE International Conference on Soft Robotics(RoboSoft))举办。

　　目前,虽然软体机器人的基本概念并没有改变,但其研究领域已经发生了变化。相关技术得到了改进,变得更为精细。Wang 和 Iida 列出了软体机器人技术在 21 世纪初获得巨大吸引力的以下五个可能原因。

(1) 自 20 世纪 90 年代以来,软体材料被确立为材料科学的一个领域。

(2) 合成了一大批新型软体材料,并实现了商业化。

(3) 软体材料的各种制造技术被发明出来,并且很容易获得。

(4) 越来越多的研究展示了软体材料在机器人领域的应用,这些研究成果已经在一些知名期刊上发表。

(5) 研究人员普遍认为,基于软体材料的技术应该在未来的机器人应用中使用。因为与传统的刚性系统相比,它们本质上更便宜、更安全、更能适应复杂的任务环境。

一个重要的方面在于,人们开始了解传统的刚性机器人能做什么和不能做什么。例如,经常在动物身上看到的优雅的自然运动,如果不考虑材料动力学和功能的开发,是无法实现的。传统工程师在过去十年所做的令人印象深刻的工作明确表明,即便将刚性机器人的性能发挥到极致,许多事情仍然无法完成;这反过来又促使许多研究人员开始探索新的维度,尤其是那些与机械动力学和材料相关的维度。

另一方面,由于材料、驱动器、传感器和电子电路等单个技术的成熟和可获得性,使软体机器人的基本部件集成成为可能。因此,软体机器人的研究正朝着这些技术的集成化和系统化方向发展。

与几十年前相比,第三个方面的进步是软体机器人研究不再需要花费大量的时间和费用。材料、传感器、电机和成型机等现成的技术使得即使是业余爱好者也能用零用钱在几个小时内制造出一个机器人。诸如物理引擎、计算机视觉和高性能微处理器等计算工具也丰富了人们参与研究项目的方式。互联网提供了无数现成的样本程序,为这项研究搭建了舞台,其中大多数程序都是几十年前从头开始开发的。这使得许多跨学科的研究人员,不仅是机械工程师,还有化学家、材料科学家和生物学家,都加入了这个领域。

习题

1. 软体机器人区别于刚性机器人的主要特点是什么?

2. 举出 5 个更适合使用软体机器人而非刚性机器人的应用实例,并给出相应的理由。

3. 通过查阅 Web of Science 数据库,找出软体机器人领域论文发表数量排名前三名的国家。

4. 软体机器人领域的主要学术期刊有哪些?

5. 目前,中国的软体机器人公司有哪些? 其主要产品是什么? 至少举出两家。

第 2 章　软体机器人的驱动与传感

2.1　软体驱动

软体材料的使用使得传统电机驱动连杆的方式在软体机器人驱动中不再适用,需要开发相应的软体驱动方式以实现软体机器人的运动。软体驱动器主要用以完成弯曲、伸缩及扭转等变形,不同的驱动方式工作机理不同,对应驱动器的结构与性能差异很大。为了使软体机器人实现特殊功能并达到预期的工作效果,选择合适的驱动方式是研究者对软体机器人研究的重点之一。目前,典型的软体驱动方式包括流体驱动、线缆驱动、形状记忆材料驱动和电活性聚合物驱动。下面对这四类软体驱动的驱动原理、典型应用及其优缺点进行介绍。

2.1.1　流体驱动

自 20 世纪科学家对软体机器人开展探索以来,流体驱动就被广泛应用于各种结构的软体机器人驱动中。这种驱动方式通过模仿自然界中一些软体动物的运动机理,在超弹性材料制成的机器人本体中内置不同形状的流体通道,如肋片状、圆柱状和褶皱状,或在特殊位置添加具有限制作用的限制层材料。当通入气、液等流体时,通过控制各通道内流体体积的变化,借助压强变化,驱动软体机器人完成不同部位的收缩、膨胀和弯曲等变形,实现软体机器人的游动和爬行等基本运动并很好地与外界环境进行交互。

基于流体的变压驱动根据选用的介质不同可以分为液动和气动。液体具有很好的不可压缩性,响应频率高,在没有泄漏的情况下损耗很小,因此在软体机器人驱动中有很好的应用前景。但因其质量不可忽略,其重力效应会影响软体机器人的建模和控制。气动因其介质质量轻、来源广、无污染等优点被广泛地应用于软体机器人。传统的实现方式是利用压缩气泵来储气,利用电磁阀来改变气流方向,这种方式除了驱动气动肌肉和象鼻机器人外,在超弹性硅胶材料机器人中也有应用。但由于其体积庞大,耗气量大,极大地限制了软体机器人在非结构环境下的应用。

　　常见的流体驱动器主要为气动人工肌肉(Pneumatic Artificial Muscle,PAM)和流体弹性体驱动器(Fluidic Elastomer Actuator,FEA)。PAM 也称为 McKibben 驱动器,是一种由相互交织的螺旋编织网包裹柱状橡胶管构成的线性软体驱动器。当充气时,其内部体积增大,但由于编织网的长度保持不变,而与橡胶管轴线夹角增大,导致其在径向膨胀,轴向收缩,如图 2-1(a)所示。PAM 的运动形式与外层编织网的角度密切相关。当初始编织角 $\theta<54.5°$ 时,PAM 充气后将产生收缩运动;而当初始编织角 $\theta>54.5°$ 时,会产生伸长运动。FEA 是一种可高度变形、适应性强、低功耗的新型软体驱动器,其基本结构由两个柔软的弹性体层组成,中间由柔软但不可拉伸的应变限制层(如纸或布)分隔。弹性体层组成嵌入通道,通过加压流体使嵌入通道膨胀,由于不对称的应变,FEA 会向应变限制层一侧弯曲,如图 2-1(b)所示。这种类型的结构通常称为气动网络(Pneumatic Network,Pneu-Net)。一旦驱动器在压力下变形,几乎不需要额外的能量来保持其形状。FEA 可以由气压或液压驱动。由于空气在环境中无处不在,且其黏性小、质量轻,因此气动系统往往比液动系统更受欢迎。

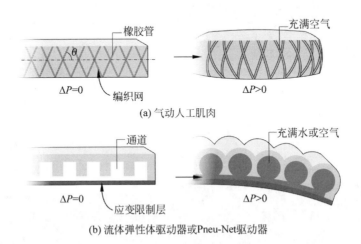

(a) 气动人工肌肉

(b) 流体弹性体驱动器或Pneu-Net驱动器

图 2-1　典型的流体驱动结构

　　哈佛大学 Wood 教授课题组将液压驱动的波纹管型软体抓持器及纤维增强型软体缠绕驱动器集成在水下刚性机械臂上,用于水下易损生物样本的采集,并在浅海成功无损采集珊瑚样本,如图 2-2(a)所示。该课题组还结合纤维增强结构研制了液压驱动的可独立弯曲或扭转的单自由度腕关节模块组,并完成模拟环境下 2300m 水压测试,如图 2-2(b)所示。麻省理工学院 Rus 教授课题组研制了水下齿轮泵、隔膜泵、离心泵驱动系统,并将其集成在软体机器鱼中完成驱动实验,如图 2-2(c)所示。Shepherd 等研发了一种多步态气动软体机器人,该机器人由 5 个软体驱动器和简单的气动阀门系统组成,无坚硬的类骨骼结构,通过给不同的驱动器进行充放气,实现爬行和波动的步态,从而穿越障碍物,如图 2-2(d)所示。Onal 等模仿蛇的运动特点,制造出由气体驱动的仿生软体蛇形机器人,该机器人由 4 个双向的流体弹性体驱动器组成,通过控制给不同侧的驱动器充气,实现类似蛇一样的蜿蜒运动,其平均运动速度可达 19mm/s,如图 2-2(e)所示。北京航空航天大学文力教授课题组与德国 Festo 公司联合研

(a) 水下软体抓持器

(b) 水下软体扭转和弯曲关节

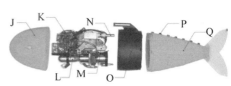

(c) 软体机器鱼的泵驱动系统

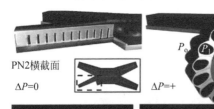

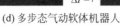

(d) 多步态气动软体机器人

(e) 仿生软体蛇形机器人

(f) 仿生软体章鱼触手抓持器

图 2-2　流体驱动的软体机器人

制了气体驱动的仿生软体章鱼触手抓持器。该机器人模拟了章鱼抓捕时的缠绕与吸附动作,能够快速地对目标物进行缠绕,同时利用触手弯曲内侧的吸盘对目标物进行吸附;缠绕与吸附的结合,使得该仿生软体章鱼触手抓持器能够对多种不同尺寸、不同形状、不同姿态的物体实现安全、稳定抓持,如图 2-2(f)所示。

　　流体驱动具有驱动力大、变形大、响应速度快、功率密度高等优点,在软体驱动方法中一直很受欢迎。但流体驱动通常需要空气压缩机(或液压泵)和外置流通的管道等复杂结构,对密封性要求高,难以实现驱动设备的小型化。此外,流体驱动涉及刚性部件的使用,进一步限制了其在软体机器人中的使用。

2.1.2　线缆驱动

　　基于线缆的驱动在传统柔性机器人和欠驱动机器人中被广泛应用,其基本原理是将线缆穿过机械本体上的固定点,通过在根部拉动线缆,在固定点产生一定的弯矩,从而使本体运动。部分学者将这种驱动方式用于软体机器人,在软体手和连续体机器人等方向进行了很好地尝试。

　　常见的线缆驱动器主要为纵向拉伸驱动器和横向拉伸驱动器。当拉动线缆时,纵向拉伸驱动器会产生弯曲动作,横向拉伸驱动器会产生伸长动作,二者的驱动原理如图 2-3 所示。

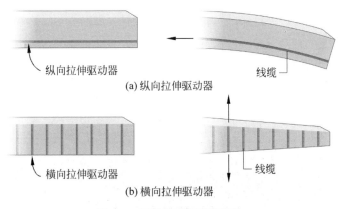

(a) 纵向拉伸驱动器

(b) 横向拉伸驱动器

图 2-3　典型的线缆驱动结构

Manti 等通过模拟人的手指设计了一种可以抓握物体的线缆驱动软体抓手,该抓手将线缆穿过软体机械本体上的固定通道,凭借在手指根部的电动机拉动线缆,使手指产生一定的弯曲,从而实现物体的抓取,如图 2-4(a)所示。这种抓手可根据目标物的形状和大小任意改变自己的形态,实现更好的抓取,特别在易碎物品(如鸡蛋、CD 和玻璃瓶)的抓取方面具有很大的优势。上海交通大学王贺升教授课题组研制了线缆驱动的软体机械臂,其外形与章鱼触手相似,由硅胶制成,如图 2-4(b)所示。该样机由四根嵌入软体机械臂的线缆驱动,

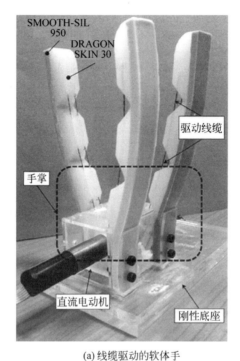

(a) 线缆驱动的软体手

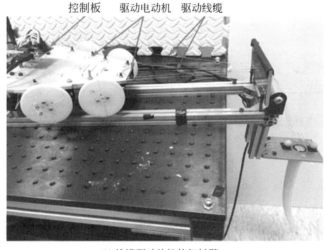

(b) 线缆驱动的软体机械臂

图 2-4　线缆驱动的软体机器人

(c) 软体攀爬机器人 Flippy

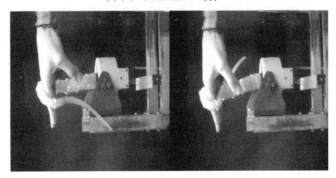

(d) 线缆驱动的仿生章鱼触手

图 2-4　(续)

线缆的另一端连接到由远程放置的电动机驱动的绞盘上,通过调节四个驱动电动机的输出使软体机械臂产生一定程度的偏转和弯曲,完成特定任务。Malley等利用简单的线缆驱动开发了软体攀爬机器人 Flippy,如图 2-4(c)所示。Flippy 机器人是一种小型两足机器人,利用灵活的身体和翻转的步态在表面上攀爬和过渡。该机器人通过电动机控制身体两端的线缆长度,一端拉伸,一端松弛,实现身体的灵活弯曲,进而实现翻转运动。欧洲联盟"章鱼计划"项目组研制了一种线缆驱动的仿生章鱼触手,该样机由硅胶制成,内部包含多组纵向和横向驱动线,可以模仿章鱼肌肉的纵向和横向运动,通过改变驱动线的状态实现伸缩、弯曲、抓取等动作,如图 2-4(d)所示。

由于线缆是由电动机和传动机构驱动的,线缆驱动的驱动系统一般比较复杂和庞大,很难小型化和集成化。

2.1.3　形状记忆材料驱动

形状记忆材料(Shape Memory Material,SMM)作为刺激-响应型智能材料,其初始形状在一定条件下发生变形并固定到另一种形状后,施加适当的温度、压力等外界刺激,材料能通过对形状、位置、应变等力学参数进行调整而恢复初始形状。用于软体驱动的 SMM 主要包括形状记忆合金(Shape Memory Alloy,SMA)和形状记忆聚合物(Shape Memory Polymer,SMP)。

1. SMA 驱动

SMA 是一类具有形状记忆效应的智能合金材料,在加热时能够恢复原始形状,消除低温状态下所发生的变形。形状记忆合金的热力耦合行为源于材料本身的相变,如热弹性马氏体相变。在形状记忆合金中存在两种相,高温时称为奥氏体相,低温时称为马氏体相。其晶体结构变化过程:冷却状态的孪晶马氏体受力后转变为变形马氏体,并产生残余应力,这一过程称为正相变;变形马氏体加热后转变为奥氏体,材料恢复到其原始形状,对外输出力和位移,这一过程称为逆相变;奥氏体冷却后,再次变为孪晶马氏体,实现形状记忆的功能,如图 2-5 所示。通过这个过程,形状记忆合金可以用作驱动器。镍钛(NiTi)合金是 SMA 驱动器中最常用的一种合金材料。

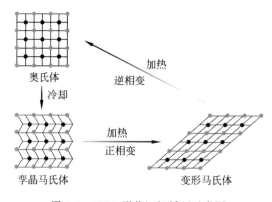

图 2-5　SMA 形状记忆循环示意图

　　麻省理工学院仿生机器人实验室参考蚯蚓的运动机理,将聚合物网状材料卷起来并进行热封,制成长型管状身躯,然后将镍钛合金作为人造肌肉缠绕在网状管上,来模拟蚯蚓的环状肌肉纤维,研制了一种仿蚯蚓蠕动软体机器人Meshworm,如图 2-6(a)所示。当对特定部位的 SMA 通电使其达到特定温度时,SMA 收缩,挤压管状躯体并驱使机器人沿表面蠕动前进。意大利生物研究所 Laschi 等基于生物的静水骨骼机构机理,研究了一种类似于章鱼臂的软体机器人臂,如图 2-6(b)所示。它是由线缆(纵向)和形状记忆合金弹簧进行驱动,通过给不同部位的弹簧通电,触手可以在多个节点上弯曲、缩短或伸长,以

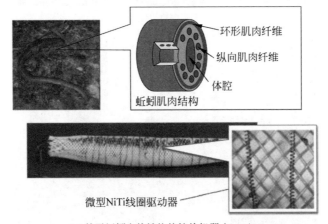

环形肌肉纤维
纵向肌肉纤维
体腔
蚯蚓肌肉结构

微型NiTi线圈驱动器

(a) 基于蚯蚓身体结构的软体机器人Meshworm

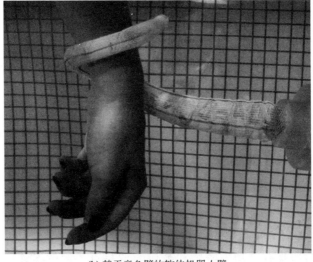

(b) 基于章鱼臂的软体机器人臂

图 2-6 SMA 驱动的软体机器人

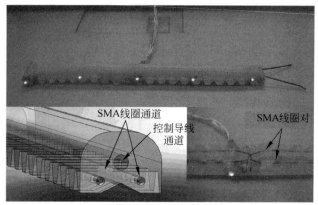

(c) 仿毛毛虫爬行机器人 GoQBot

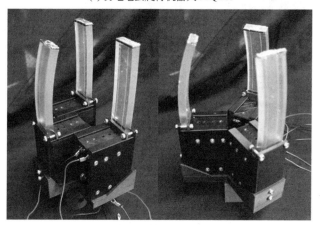

(d) SMA仿生抓手

图 2-6　（续）

实现物品的抓取。美国塔夫茨大学的 Trimmer 研究团队研制了一种仿毛毛虫爬行机器人 GoQBot,如图 2-6(c)所示。该机器人使用镍钛 SMA 丝绕成弹簧放置在硅胶躯体的通道中,构成其前驱肌和后驱肌,控制 SMA 使躯体结构产生伸长和收缩变化,从而实现向前的爬行运动。该机器人也能够快速蜷缩成一个 Q 形,进行 0.5m/s 的滚动。Lee 等利用形状记忆合金设计了一款夹持装置,如图 2-6(d)所示。在这项工作中,研究人员提出了使用自由滑动的 SMA线束作为软体驱动器的驱动肌肉,大大提高了其弯曲角度和夹持力。例如利用350mm 的肌肉,其弯曲角度可达 400°。

　　SMA 驱动器具有高功率密度和高应力的特点。镍钛 SMA 的功率密度可达 50W/g,恢复应力高达 200MPa。使用 SMA 驱动器的主要挑战是运动范围小、驱动频率低、转换效率低以及迟滞和蠕变严重。首先,考虑到镍钛 SMA 的最大可恢复应变小于 5％，大多数 SMA 驱动器实现大范围的运动具有挑战性。SMA 弹簧能够产生较大的位移，但是在运动范围和力输出之间存在折中。虽然过去的研究表明，使用长 SMA 驱动器或多个短驱动器可以增加运动范围，但系统的复杂性也会增加。其次，由于相变的热性质，大多数 SMA 驱动器在低带宽(小于 3Hz)下工作。虽然已经进行了许多研究来提高冷却速度，但是在 SMA 驱动的机器人系统上集成强制对流系统仍然很麻烦。由于严重的热损耗，功率效率通常低于 1.3％。最后，SMA 驱动器通常在温度、应变和张力之间表现出明显的迟滞，对 SMA 驱动的机器人的精确控制提出了挑战。虽然针对 SMA 驱动器提出了许多迟滞模型，但其中大多数都难以纳入控制方案。对于 SMA 驱动的机器人系统，需要进一步进行研究以寻求精确和高效的建模和控制方法。

2. SMP 驱动

SMP 是一类具有初始形状，经形变并固定之后，能够在外部刺激（如热、光、电、磁等）的作用下恢复初始形状的智能聚合物材料。其中以热驱动的 SMP 最为普遍。典型的热驱动 SMP 形状记忆循环如图 2-7 所示，一般分为以下步骤。

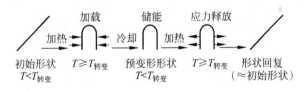

图 2-7　典型的热驱动 SMP 形状记忆循环示意图

（1）升温塑型。先将 SMP 加热至 $T_{转变}$（玻璃化转变温度 T_g 或者融化温度 T_m）以上，然后通过加载将 SMP 塑造至提前设想好的临时形状。

（2）降温定型。在保持外力不变的情况下，缓慢降温至 $T_{转变}$ 以下，此时 SMP 将被固定为临时形状。

（3）升温复型。将具有临时形状的 SMP 再次升温至 $T_{转变}$ 以上，SMP 即可自发地从临时形状转变为初始形状，至此变形过程结束。

Jin 等利用热-光可逆的形状记忆聚合物，设计了一种光驱动折纸变形结构。聚合物薄膜可以编程成各种软体机器人，利用光或温度的变化实现结构变形，如图 2-8(a)所示。Ge 等结合立体光刻技术，设计了热驱动的形状记忆聚合物微夹持器,如图 2-8(b)所示。打印形状为闭合状态(打开状态)的夹持器经过编程后转变为打开状态(闭合状态),加热后触发抓取(释放)功能。Behl 等研制了可逆的双向形状记忆聚合物,并基于此设计制作了一种具有双向形状记忆效应的夹持器,如图 2-8(c)所示。该夹持器通过不同的几何形状之间的变换可编程,可以实现在两种不同形状之间的无应力条件下的重复驱动。Yang 等研

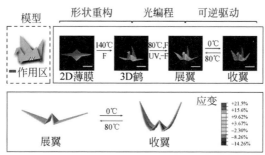

(a) 光驱动SMP折纸结构

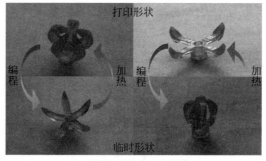

(b) 三维打印的SMP夹持器

(c) 具有双向形状记忆效应的SMP夹持器

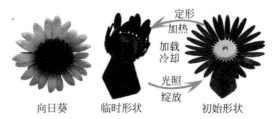

(d) 光驱动SMP向日葵

图 2-8 SMP 驱动的软体机器人

制了基于形状记忆聚合物和炭黑的光敏形状记忆复合材料,并基于此设计了光驱动的形状记忆向日葵,如图 2-8(d)所示。在光照的作用下,形状记忆向日葵会从闭合状态变为展开状态,类似于真正的向日葵从花蕾状态到开花状态的过程。

与 SMA 相比,SMP 有如下的优点:高弹性变形、低密度、低成本、易于制造、可调节的转变温度及生物相容性。使用 SMP 驱动器的主要挑战是机械强度低、恢复应力低(1~3MPa)、恢复响应时间长(1 秒至几分钟)和循环寿命低。可采用增强填料改善机械性能和提高形状恢复应力;然而,添加填料会使形状控制变得复杂。通过在 SMP 中嵌入多孔碳纳米管海绵,SMP 驱动器可以在低功率输入下有效触发,但制造过程较为复杂。

2.1.4　电活性聚合物驱动

电活性聚合物是一类新型智能高分子材料,能够在外加电场作用下改变内部结构,产生伸缩、弯曲、束紧或膨胀等多种形式力学响应。EAP 具有变形大、响应迅速、功耗低、质量小、柔韧性好等众多优良特性,因此常被用作软体机器人的驱动材料。根据换能机制的区别,EAP 材料可以分为电场型和离子型两类。其中,电场型 EAP 是由电场驱动产生电致应力,直接将电能转化为机械能,进而在宏观上表现出电致动特征,通常输出的应力较大,但需要较高的激励电场。离子型 EAP 则是在电化学的基础上,以化学能作为过渡实现电能到机械能的转化,这类材料的特点是驱动电压低,产生的形变大,但输出电致应力一般较小。介电弹性体(Dielectric Elastomer,DE)和离子聚合物-金属复合材料(Ionic Polymer-Metal Composites,IPMC)分别是这两类 EAP 的典型代表。

1. DE 驱动

DE 是一类重要的电场型电活性聚合物。常见的 DE 包括聚丙烯酸酯类、硅树脂橡胶和聚氨酯等。DE 的驱动原理可以用库仑电荷吸引效应来描述,如图 2-9 所示。在 DE 薄膜的两侧覆盖柔性电极并施加驱动电压时,等量的正负电荷分布在介电弹性体的两边,在两个电极之间形成电场。由于电极上电荷的相互吸引,产生压缩的麦克斯韦应力,导致 DE 薄膜厚度减小,面积扩张。

浙江大学李铁风等从海洋生物鳐鱼(蝠鲼)的柔软身体与柔性扑翼推进中获得启发,利用 DE 薄膜作为软体人工肌肉驱动器,设计了一种高性能的软体

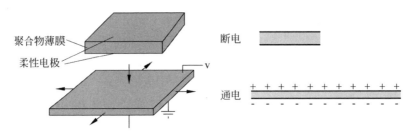

图 2-9　DE 驱动原理

机器鱼,如图 2-10(a)所示。该机器鱼中部预拉伸的 DE 薄膜在交流电压作用下可以舒张收缩,带动外部硅胶框架运动,进而带动鱼鳍扑动实现前行。该机器鱼利用自身携带的高压电源,可以实现 6.4cm/s 的游动速度,且续航时间可观。Kofod 等基于介电弹性体最小能量结构,首次提出了 DE 夹持器。将预拉伸 DE 层压到柔性塑料框架上,预拉伸 DE 层的张力收缩其自身结构并释放弹性能量,一部分释放的能量储存在柔性塑料框架中,导致整体弯曲。当向 DE 驱动器施加电压时,DE 的张力减小,整个结构打开以抓住目标物体,如图 2-10(b)所示。Christianson 等通过仿生柳叶鳗幼虫,设计了一种无框架的透明游泳机器人,如图 2-10(c)所示。该机器人使用一个充满液体的内部腔作为电极,周围的环境液体作为第二个电极,从而简化设计。该机器人可以实现波浪游泳前进,最大速度为 1.9mm/s。Pei 等将介电弹性体薄膜与弹簧相结合,制作卷轴结构的圆柱形驱动器单元。该驱动器具有三个自由度,可以实现拉伸及弯曲变形,将其作为机器人的腿部,可以实现六足机器人的行走功能,如图 2-10(d)所示。Shintet 等设计了一种电吸附和静电驱动相结合的 DE 夹持器,如图 2-10(e)所示。当给 DE 驱动器施加电压时,两个柔性电极间的膜内电场使 DE 薄膜厚度减小和面积扩大,使手指驱动。同时电极上的电荷也会在电极边缘产生边缘电场,引起物体表面电荷极化,从而产生电吸附力。该夹持器质量很轻(约为 1.5g),能够举起高达 82.1g 的质量,是自身质量的 54.7 倍。

　　DE 驱动器具有应变大、带宽高、功率密度高、效率高等优点。DE 驱动器可产生高达 200% 的应变,通常在数十到数百赫兹的频率下工作。DE 驱动器的功率密度可高达 0.2W/g,能效可高达 80%~90%。DE 驱动器的主要缺点是需要预应力,难以制造柔性和鲁棒的电极,以及运行时需要高电压。介电弹性体预拉伸被广泛用于实现 DE 驱动器的电压诱导大变形。通过预拉伸,可以抑制机电的不稳定性和施加更高的驱动电压。然而,预拉伸弹性体需要刚性框

(a) DE驱动的翼（鳍）扑动型水下软体机器人

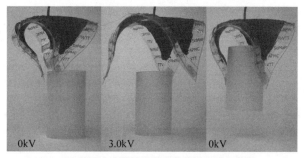
(b) 基于介电弹性体最小能量结构的夹持器

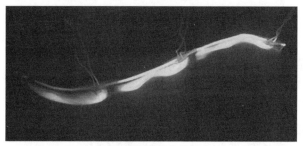
(c) DE驱动的游泳机器人

(d) DE驱动的行走机器人　　(e) DE驱动的电吸附软体夹持器

图 2-10　DE 驱动的软体机器人

架来支撑,首先这极大地限制了驱动器的适应性和灵活性。其次,很难生产出与工作中高应变相适应的鲁棒电极。大多数 DE 驱动器使用导电颗粒的液体悬浮液(如碳脂),这可能会降低带宽。已经有相关研究来提高电极的物理鲁棒性,但这些策略将导致极薄的电极层,从而阻碍驱动器的运动以及与弹性体层的黏附。最后,在实际电压下运行 DE 驱动器具有挑战性。DE 驱动器典型的工作电场是 10~100MV/m 量级,对于普通的弹性体,需要高达 10kV 的电压。现有的降低工作电压的方法包括增加介电常数和减小薄膜厚度。其中,增加介电常数通常涉及其他材料性能的权衡;减小弹性体层的厚度会减小力输出。

2. IPMC 驱动

离子聚合物-金属复合材料是一类重要的离子型电活性聚合物,驱动原理如图 2-11 所示。IPMC 的中间是一层离子交换薄膜(如 Nafion 膜),在薄膜表面化学电镀上贵金属(如铂、金)作为电极。IPMC 在含水状态下聚合物薄膜中的阳离子可以自由移动,阴离子固定在碳链中不能移动。当在 IPMC 电极的两端施加电压时,电极之间产生电场,在电场作用下,水合阳离子向负极移动,而阴离子的位置固定不变,从而导致 IPMC 的负极溶胀、正极收缩,使 IPMC 弯曲变形。

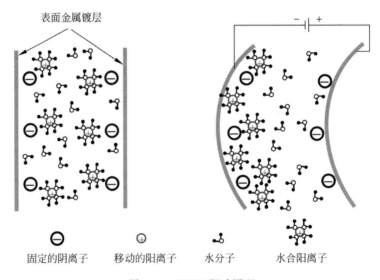

图 2-11　IPMC 驱动原理

弗吉尼亚大学仿生工程实验室研发了一款 IPMC 驱动的仿生蝠鲼机器鱼,如图 2-12(a)所示。该机器鱼的胸鳍由两侧的 4 根 IPMC 鳍条驱动,身长 80mm,翼展 180mm,最大游动速度为 4.2mm/s。Najem 等设计了一款由 IPMC 作为驱动器的仿生水母机器人,如图 2-12(b)所示。该机器人将 8 根 IPMC 驱动器呈放射状嵌入具有热收缩能力的聚合物膜柔韧腔体中。当通电时,IPMC 材料在电场作用下会产生弯曲变形,使水母腔体发生收缩和扩张运动,从而实现类似水母运动的功能。Carrico 等利用 3D 打印技术制作了一款 IPMC 驱动的仿毛毛虫软体爬行机器人,如图 2-12(c)所示。该机器人由模块化的身体和腿部单元组成,通过施加电压信号来控制身体的伸缩和腿部的抓握,以实现类似毛毛虫沿管道缓慢爬行的运动效果。Shen 等利用 IPMC 人工肌肉设计了一种游动模式可切换的仿生水下软体机器人,如图 2-12(d)所示。该机器人由两个软鳍驱动,每个软鳍由 6 个内嵌的 IPMC 驱动器与 Ecoflex 膜连接而成。通过电压输入驱动 IPMC 驱动器,使软鳍产生行波从而产生推力。利用 IPMC 材料的多重形状记忆效应,通过热输入改变机器人的游动模式以提高机动性。

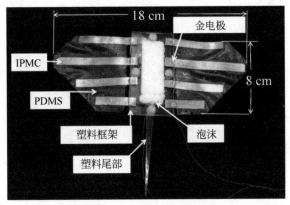

(a) IPMC驱动的仿生蝠鲼机器鱼

(b) IPMC仿生水母机器人

图 2-12　IPMC 驱动的软体机器人

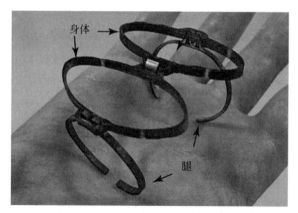

(c) IPMC驱动的仿毛毛虫软体爬行机器人

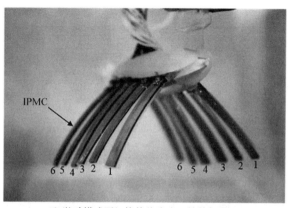

(d) 游动模式可切换的仿生水下软体机器人

图 2-12　（续）

　　IPMC 驱动器的主要优点是工作电压低（1～5V）、工作频率高（10Hz 及以上）、应变大（高达 40％）以及能够在水环境中工作。低电压下产生大变形的能力以及能够在水环境中工作的特点使得 IPMC 驱动器非常适合作为水下软体机器人的驱动。IPMC 驱动器的主要缺点是功率密度低（0.02W/g）和应力低（最高为 0.3MPa）。此外，有限的运动和力输出、建模和控制困难以及较低的物理鲁棒性，挑战了 IPMC 驱动器的潜力。首先，IPMC 驱动器的运动和输出力范围有限。为了提高输出力，可以采用较厚的 Nafion 膜，但运动范围会减小。为了产生大范围的运动，Palmre 等设计了一种 IPMC 的纳米结构电极表面，但制造过程很复杂。其次，现有的数值模型不能准确地描述复杂的物理过程，物理模型更侧重于特定的方面。最后，可以通过开发新型聚合物和制造方法以及研究不同的聚合物膜来制造稳定和鲁棒的 IPMC 驱动器。

2.2　软体传感

要实现软体机器人的闭环控制,需要将传感器集成到软体机器人系统中,以提供传感反馈。为了像生物系统一样顺利地执行任务,软体机器人必须感知自身的形状,即本体感知,并能够感知外部刺激,即外部感知。

软体机器人的本体感知要比刚性机器人困难得多,因为它们有无限多的自由度,并且可以在内部驱动和外部载荷的作用下变形。首先,由于所使用的超弹性材料或柔顺结构的复杂行为(非线性、迟滞、黏弹性效应、大应变或变形),很难基于模型准确预测特定驱动条件下软体机器人的响应。模型与物理系统之间的微小差异可能导致完全不同的预测结果。其次,软体机器人的形状和位置容易受未知的外部载荷影响而被动地改变。因此,即使在高度结构化的环境中,软体机器人也难以通过开环控制准确地执行任务。

由于软体机器人的弹性本体可以被动地适应与之交互的物体,因此软体机器人本质上是安全的,并且能够灵活地完成一系列任务。然而,在实际环境中,触觉传感对于机器人的控制仍然至关重要。触觉传感对于作业任务(如基于表面纹理的物体分类、灵巧的操作等)、探索未知环境以及与人和环境的交互等都是必不可少的。

软体机器人自身柔顺可变形的特点,要求传感器不但具有高精度、高带宽,而且不能影响机器人本体的力学响应性能。这使得传统的编码器、电位计、应变计等传感器很难得到应用,急需开发新型的相容性好、可嵌入的传感器技术。目前商用柔性传感器(如 Flex Sensor®、Flexiforce®、Bend Sensor®、StretchSense™ 等)是基于导电材料在应变作用下电阻或电容变化的原理。这些传感器自身具备一定的柔性,嵌入硅胶本体后可以用来测弯曲、拉伸、应力等信息。但这些传感器的弹性模量一般比硅胶材料大,对软体机器人自身的运动会造成一定的影响,并且型号固定,不可裁剪,定制麻烦。为了使传感器更好地满足软体机器人的需求,学者们在软体传感技术上进行了诸多探索和研究。

2.2.1　软体传感技术

由于软体驱动器和软体机器人的种类很多,设计一个通用的传感系统几乎是不可能的。一般来说,要开发出完全感知的软体机器人,传感器应该满足以下 5 个基本要求。

（1）足够柔顺（低杨氏模量），不限制或显著改变软体驱动器的力学性能。

（2）具有有限的尺寸和空间分布，允许机器人自由运动。

（3）具有较强的弹性和耐用性，能够承受较大的应变和数千次变形循环而不发生破坏。

（4）能持久地响应外部刺激。例如，对各种环境下反复的机械刺激表现出较强的鲁棒性，无论是最精细的环境（如手术机器人），还是较苛刻的环境（如搜救机器人）。

（5）制造方法和使用的材料应使传感元件成为机器人本体的一部分。在理想情况下，传感机制应该源自机器人架构，并且可以在与本体相同的软体材料中实现，或者至少可以在保持与本体材料有效结合的前提下，降低应力集中。

有几种软体传感技术有望研制出新型的传感化软体机器人。本节总结了利用不同传感机制的传感器，从电阻式、电容式、光学式、磁性到电感式，如图 2-13 所示，讨论和比较了这些传感技术的优点和局限性，并概述了在软体机器人中的应用案例。

1. 电阻式和压阻式传感器

电阻式和压阻式应变传感器用于测量由导电材料的几何形状或电阻率的变化而引起的电阻变化，如图 2-13（a）所示。电阻式传感器利用嵌入弹性体中的导电液体的流动特性或导电聚合物和水凝胶的可拉伸特性来实现可拉伸传感。导电液体包括低熔点金属和金属合金［如汞（Hg）、共晶镓-铟合金（EGaIn）、镓-铟-锡合金（Galinstan）］以及各种离子液体（如氯化钠溶液）。液态金属具有非常好的导电性，但不能在低于熔点的温度下工作，而且密度通常比大多数弹性基底大得多。离子液体密度小，价格便宜，但导电性差，由于温度与离子浓度的相关性，经常会产生较大的温度漂移，加上通电时会电解，长期稳定性差。虽然微通道的制造工艺非常复杂，且存在泄漏风险，但导电液体在开发高度可拉伸、高性能应变传感器时具有巨大的潜力。在设计传感器时，需要确保固体导线与液体通道之间的牢固连接。基于导电液体的电阻式传感器常用作可拉伸应变传感器来测量软体驱动器的弯曲曲率或关节角度。一种可自愈、高度可拉伸（拉伸率为 500%）的导电聚合物复合材料被合成并进行应变和压力传感测试，这可能是开发可拉伸电阻式传感器的一个有趣的方向。此外，利用螺旋结

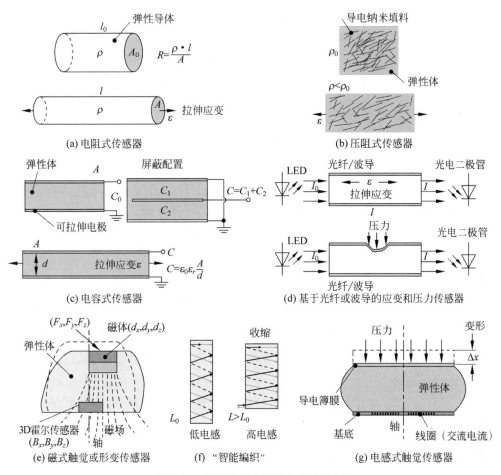

图 2-13　应变和压力传感的传感机制

构使导电丝具有可拉伸性,也可开发出柔性、可拉伸的电阻式传感器。

　　压阻式传感器通常由导电纳米填料填充的弹性复合材料制成,当施加应变或压力时,电阻率和几何形状都会发生变化,如图 2-13(b)所示。这些纳米复合材料具有可调的力学和电学性能,可以用简单的工艺制备。然而,它们通常具有较大的迟滞性和非线性,响应慢,恢复时间长。此外,在可拉伸性和灵敏度之间存在可折中的关系,因为需要较高的填充率才能获得高导电性,但与此同时材料会变硬,从而降低可拉伸性。一种新的方法被用于制作电阻式聚二甲基硅氧烷(PDMS)传感器,该方法通过超声束(SCBI)将金属纳米粒子注入弹性基底中。SCBI 可以在较高的金属体积浓度下不显著改变聚合物基底的力学性能,因此该工艺可能是保持软体材料超弹性的一个很好的选择。基于导电纳米复合材料的压阻式传感器已被广泛应用于软体触觉传感器中,并被集成到各种软体驱动器中来测量弯曲曲率。导电织物的压阻效应也被用于软体触觉传感和软体连续体机器人的曲率传感。

一般来说,电阻式和压阻式传感器只需要非常简单的信号读取设备,对电磁干扰不敏感,并且可以根据不同的应用场合灵活地设计成不同的形式。纳米复合材料和导电聚合物材料的力学和电学性均可调节,但需要材料合成方面的专业知识。基于导电液体的传感器易于使用,但需要复杂的手工制作过程,且难以小型化。与其他形式的传感器相比,电阻式和压阻式传感器的灵敏度较差,容易产生迟滞严重、非线性、重复性差、温度漂移大等问题。综上所述,它们相对容易制造并集成到软体机器人中,但性能和带宽有限。

2. 电容式传感器

电容式传感器测量弹性体变形时由几何形状变化引起的电容变化,如图 2-13(c)所示。实现可拉伸传感的关键是开发出高度可拉伸的导电材料作为电极。到目前为止,导电织物、纳米复合材料、导电聚合物和水凝胶以及导电液体已被用作可拉伸电极。电容式传感器具有线性度好、灵敏度高、动态范围大、响应速度快等优点。然而,它们对环境污染物(如油、灰尘、液体、水蒸气等)很敏感,并对导电物体有接近效应。为了解决这些问题,需要采用屏蔽技术(如三电极配置),但同时也增加了制造复杂性。此外,可拉伸电容式传感器对压力和应变都很敏感,很难对二者进行解耦。

电容式触觉传感器由于具有良好的线性度和性能,已经很好地应用于电子皮肤、软体触觉传感器和软体应变传感器;但是与电阻式传感器相比,在软体机器人中的应用还相对较少。近年来,由于使用可拉伸导电织物作为电极,电容式触觉传感器在可穿戴设备和软体机器人系统中的应用开始迅速增长。此外,采用导电纳米复合电极的软体电容式传感器已被用于软体假肢手的曲率和触觉传感。值得注意的是,一种使用离子-水凝胶电极的高度可拉伸的电容式传感器已被用于软体气动爬行机器人的形变和触觉传感。

3. 光学式传感器

光学式传感器用于检测由施加在光传输介质(如光纤、弹性波导等)上的应变或压力所引起的光的变化(强度、频率或相位)。最常见的传感机制是基于光强测量,通常包括光源(即发光二极管)、光电探测器和光传输介质,如图 2-13(d)

所示。光学式传感器是高度可变形的,对电磁干扰和环境污染物不敏感。尽管电子设备相对复杂,但相对于其他技术,光学式传感器的主要优点是避免了电子元件和导线分布在传感活动区域。一种超薄的、基于波导的光学系统被开发作为软体触觉传感器阵列。触觉指尖(Tactile Fingertip,TacTip)代表了另一种用于软体触觉传感的光学式传感器,它通过嵌入式摄像头测量软体结构皮肤的变形。针对不同的机器人和生物医学应用,已经开发了各种各样的 TacTip 传感器,但是该方案需要一套笨重和刚性的相机系统,因此很难集成到软体机器人中。利用类似的机制,Gelsight 提供了更好的空间分辨率,但也依赖于相机系统。光纤布拉格光栅(Fiber Bragg Grating,FBG)技术也被引入软体连续体机器人的软体应变传感中。在一根光纤的不同纵向位置上制作多个光纤光栅,位于光纤末端的电子设备即可监测整个光纤的应变和压力分布。FBG 在开发高性能、完全软体的应变或压力传感阵列方面具有巨大的潜力,无须在传感位置放置任何电子器件。昂贵而复杂的制造工艺、有限的可拉伸性和复杂的信号调理设备是将基于 FBG 的传感器嵌入软体机器人中的主要障碍。

4. 磁性传感器

磁性应变和触觉传感器包括磁源(如永磁体)、磁场传感器(如霍尔效应传感器)和软体介质,如图 2-13(e)所示。当软体介质被拉伸、压缩或扭转时,由于霍尔效应传感器相对于永磁体的位置和方向发生变化,传感器测得的磁场也会发生变化。目前,磁场传感器已被用于软体手的触觉传感器和软体机器人本体感知的曲率传感器。磁性传感器具有结构紧凑、成本低、可变形、灵敏度高和易于系统集成的优点。然而,它们容易受到来自环境磁场变化以及与铁磁性物体相互作用的外部干扰。

5. 电感式传感器

电感式传感器用于测量由线圈几何形状、互感、涡流效应和磁阻等引起的电感变化。通过测量电感的变化,可以监测软体驱动器和软体结构的应变和压力变化,如图 2-13(f)和(g)所示。2014 年,Felt 和 Remy 通过在纤维增强编织(Smart Braid)上形成可拉伸的螺旋线圈,为 McKibben 肌肉开发了一种基于电感的软体形变和力传感器。螺旋线圈的电感和电阻的变化分别代表人造肌肉的收缩长度和力。基于互感变化原理,该团队还为连续体机器人开发了一种基于电感的曲率传感器。Wang 等开发了一种基于涡流效应的新型电感式触觉传感器,该传感器具有成本低、性能好、在恶劣环境(如水下)中具有较强的鲁棒性和可重复接触等优点。但仍然需要进一步的研究来克服其需要复杂的信号调理设备的缺点,以便广泛使用。

2.2.2　软体传感研究进展

将柔性和可拉伸传感器集成到软体机器人的研究最早可以追溯到 2007年,从 2014 年开始稳步增长。在软体传感的研究进展中,大多数研究都只关注本体感知,很少有研究同时兼顾本体感知和触觉传感。此外,一些研究人员还对软体机器人的形状重建算法和传感器配置方法进行了研究。

1. 本体感知

目前,对软体机器人本体感知的研究已涵盖气动驱动器、McKibben 肌肉和软体连续体机器人等。自 PneuNet 和纤维增强驱动器问世以来,气动驱动器引起了研究人员广泛的兴趣,成为构建各种软体机器人的基础。几种可拉伸应变传感器已经集成到软体弯曲驱动器中,以测量弯曲角度,如图 2-14(a)所示,如基于织物电极的电容式传感器、基于液态金属的电阻式传感器、基于纳米复合材料的压阻式传感器、光纤传感器和波导光学系统。气动全向驱动器通常为圆柱形,有 3 个由气压控制的气室,可向任意方向弯曲。目前,各类应变传感器已集成到全向驱动器中,以测量弯曲角度和弯曲方向,如图 2-14(b)所示,如基于离子液体的电阻式传感器、基于导电纱线的电阻式传感器以及光纤传感器。McKibben 肌肉在 20 世纪 50 年代被发明出来并用于矫正术,目前已经得到广泛的研究和开发,并应用到诸多领域。通过导电纤维和纱线以及"智能编织"等方法,可将传感器集成到 McKibben 肌肉中以实时测量收缩长度或周长。

上述研究工作侧重于将不同类型的可拉伸应变传感器集成到软体驱动器和机器人中,并在这些系统中验证传感功能。

软体连续体机器人得益于无限的自由度和可变形的身体,具有令人惊叹的操纵和运动能力,但同时也很难跟踪它们的形状。2012 年,Cianchetti 等在软体臂外表面集成了 10 对基于织物的电阻式传感器,开发了一种用于重建软体连续体机器人二维空间构型的传感系统,如图 2-14(c)所示。2016 年,Wang 等通过将 20 个 FBG 集成到软体臂内的 4 根光纤上,开发了一种线驱动软体连续

(a) 集成压阻式曲率传感器的软体弯曲驱动器

(b) 集成光学式传感器进行弯曲方向和
角度测量的全向驱动器

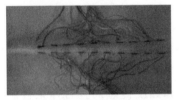

(c) 集成电阻式传感器进行形状
重构的软体连续体机器人

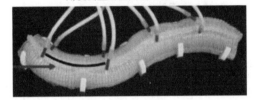

(d) 集成磁性传感器进行弯曲角测量的蛇形软体机器人

(e) 由离子液体驱动的可本体感知的软体
弯曲和伸长驱动器

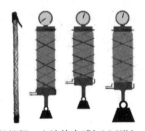

(f) 使用"智能编织"方法的自感知McKibben肌肉

图 2-14　软体机器人本体感知示例

体臂的三维形状重构算法。其他一些研究人员已经研究了用于软体连续体臂形状重建的聚偏氟乙烯(PVDF)位移传感器,以及用于监测蛇形机器人形状的霍尔效应传感器,如图 2-14(d)所示。到目前为止,软体连续体机器人的重构精度仍然很差(特别是在大变形情况下)。此外,由于问题的复杂性,在这些研究中忽略了扭转和伸长。需要更多的传感节点,更好的传感器配置,新的建模和重构算法来充分解决这一问题。

在关于本体感知的研究中,涌现了一批具有变革性的研究工作。2017 年,Helps 和 Rossiter 开发了离子液体驱动的软体弯曲和伸长驱动器,这些驱动器能够通过监测驱动流体的电阻变化来实现自感知,如图 2-14(e)所示。该方法仅限于流体驱动器,不能应用于轻型气动驱动器和基于形状记忆合金(SMA)的软体驱动器。Felt和Remy开发的"智能编织"是另一种值得注意的可自感知的软体传感技术,如图2-14(f)所示。然而,除了McKibben肌肉外,该技术尚未应用于其他软体驱动器。虽然磁性传感器是刚性元件,但是基于磁场的曲率传感器由于具有高性能、低成本、小体积、易于集成的优点,也适用于软体连续体机器人的传感。基于磁场的触觉传感器也具有在软体机器人中应用的潜力。基于光波导的传感器也可以作为一种解决方案,就像在软体假肢手中所展示的那样。

2. 触觉传感

在过去的十年中,随着3D打印技术、柔性有机电子和先进材料的发展,柔性电子皮肤(触觉传感皮肤)的研究取得了显著进展。值得注意的例子包括集成了有机电子的超轻触觉传感阵列、用于三轴力和温度传感的全打印柔性触觉皮肤等。几种超薄的柔性电子皮肤已经在可穿戴和生物医学系统中得到了应用。一些由表面覆盖着柔软保护层的集成刚性电子元件构成的柔性触觉传感皮肤已经集成到传统机器人系统中(如iCub机器人的电容式三角形皮肤和六边形模块化皮肤)。从技术上讲,这些皮肤大多是柔性的、非高度可拉伸的,它们的薄层结构在使用中很容易受到反复物理接触的影响。然而,研制柔性电子皮肤的相关技术可以用于开发软体机器人的触觉传感系统。

最近,一些研究人员尝试在软体机器人中同时实现本体感知和触觉传感。2016年,Zhao等在气动软体假肢手中使用可拉伸光波导作为应变和压力传感器,可以检测手指的弯曲角度(本体感知)和每个指尖的接触力(触觉传感),如图2-15(a)所示。尽管传感器和导线的体积庞大,触觉传感能力也仅限于指尖的单点压力测量,但通过实现多模态感知可以显著增强软体手的能力。2015年,Lucarotti等证明了传感器对可以跟踪软体弯曲模块的运动,区分弯曲曲率和接触压力,如图2-15(b)所示。他们在圆柱形弹性体上对两个基于导电织物的电容式传感器的差分配置进行了实验。Totaro等开发了一种混合传感器,将压阻式应变传感器与光波导式压力传感器相结合,可以同时检测软体结构的受力和弯曲曲率,如图2-15(c)所示。为了实现二者的解耦,可利用软体的力学原理,将应变传感器放置在能够机械地过滤外部压力刺激的位置,确保应变传感器只对弯曲敏感。最近,Truby等发表了一种通过嵌入式3D打印来创建集成了

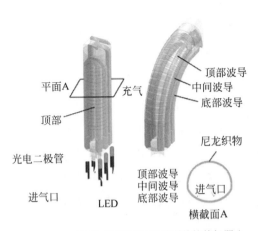

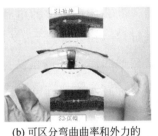

(b) 可区分弯曲曲率和外力的
差分电容式传感器对

(c) 混合式传感器可以同时
检测应变和压力

(a) 集成波导应变传感器的软体机器人
手指，用于本体感知和触觉传感

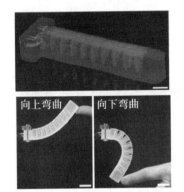

(d) 通过嵌入式3D打印集成了曲率、充
气和接触传感器的软体弯曲驱动器

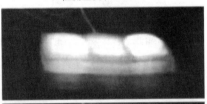

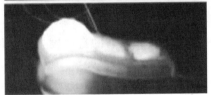

(e) 具有触觉或变形传感
能力的软体爬行机器人

(f) 内嵌EGaIn的导电液体传感器，
可检测多轴应变和接触压力

(g) 带有集成电容式传感器的软体
假肢手，用于弯曲和压力测量

图 2-15　具有触觉传感的软体机器人和结构的示例

基于离子凝胶的电阻式传感器的软体敏感驱动器的方法，如图 2-15(d) 所示。通过多材料打印平台嵌入曲率，充气和接触传感器，开发出具有本体感知和触觉反馈的软体手。这种完全集成的感知型软体驱动器的直接制造，将为开发软体自感知机器人带来巨大的可能性。此外，Larson 等开发了一种用于软体爬

行机器人的高度可拉伸的电致发光皮肤,如图 2-15(e)所示。该皮肤在运动过程中既可以感知外部压力,又可以感知气室的变形程度,还可以通过发光来传递皮肤变形的信息。该团队采用离子-水凝胶电极和掺杂锌-磷粉末的弹性电介质构建了软体超弹性电容式传感器。2012 年,Park 等将导电液体 EGaIn 注入硅胶本体的微腔道中,本体变形时内部腔道发生变化,从而改变导电液体的电阻,可以测多轴应变和接触压力等信息,如图 2-15(f)所示。2018 年,Rocha等将电容式弯曲和压力传感器集成在一只软体假肢手(由软体皮肤和刚性骨骼构成)上,并用该手完成了各种抓取任务,如图 2-15(g)所示。虽然目前这些探索还处于起步阶段,但它们已经证明了软体传感可以显著提高软体机器人的能力。

3. 传感器配置

考虑到在传感器、布线、供电、数据通信和处理以及系统集成等方面存在诸多挑战,像生物系统一样在软体机器人系统中放置数千个传感器是不可能的。因此,需要一种智能的传感器设计和配置策略来最小化达到预期传感能力所需的传感器数量,并优化传感器配置以获得最佳性能。由于软体机器人具有较大的可变形性和较高的自由度,开发相应的传感器配置策略具有很大的挑战性。2014 年,Culha 等开发了一种被称为应变矢量辅助软体结构传感的形态传感方法,如图 2-16(a)所示。该方法通过建模分析软体的变形,找出最能表征软体结构特定变形的最佳应变路径。然后,在计算得到的位置上放置应变传感线,以识别软体块的不同运动模式。2017 年,Wall 等开发了一种设计传感化软体驱动器的迭代方法,如图 2-16(b)所示。通过在检测多重变形的最佳位置上安装传感器,可以减少传感器的数量。该方法通过机器学习来识别哪些传感器对于达到预期传感能力是最有效和必要的。2019 年,Tapia 等将传感器设计转化为子选择问题,从一大组可制造的传感器中选择一个最小的传感器集,从而在检测特定的变形-力对时将误差降到最小,如图 2-16(c)所示。

4. 复杂形状感知

下一代变形机器人将依靠本体感知来确定何时达到目标形态,通过中间形状优化形状变化,并将变形驱动的任务性能与全局形状变化解耦。现有的测量固定形状机器人变形的技术,通常依赖于与静止时的参考身体形状进行比较。

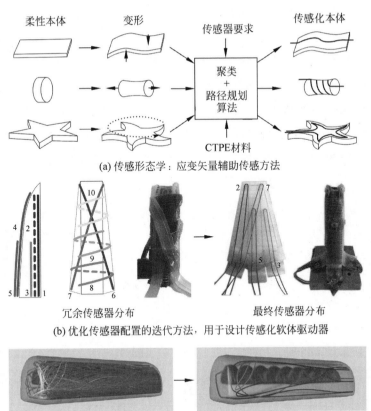

(a) 传感形态学：应变矢量辅助传感方法

冗余传感器分布　　　　　　　　　　最终传感器分布
(b) 优化传感器配置的迭代方法，用于设计传感化软体驱动器

初始传感器（200个）　　　　　　　优化后传感器（6个）
(c) 本体感知型软体机器人的自动化传感器设计

图 2-16　传感器配置策略研究

例如，连续体机械手建模依赖于横截面几何的假设，而传统的机器人运动学假设每个部件都是刚体。然而，如果参考身体形状发生改变，这种方法就不再适用。因此，从本质上（即没有外部部件）测量变形机器人的状态在很大程度上仍然是一个未解决的问题。

　　已经有多项研究工作来检测不可拉伸的机器人"皮肤"的形状，如图 2-17 所示。许多研究将皮肤视为由已知旋转轴连接的刚性元件组成的不可拉伸薄片，如图 2-17（a）和（b）所示。Hoshi 和 Shinoda 将 24 块印制电路板（Printed Circuit Board，PCB）排列成网状，并使用加速度计和磁力计估计 PCB 间的旋转。在此基础上，Mittendorfer 等开发了可以连接并包裹在机器人身上的刚性传感式 PCB，如图 2-17（a）所示。之后，Hermanis 等在柔性织物上使用了网格状排列的加速度计和重力计，如图 2-17（b）所示。在这些研究中，研究者们没有试图估计底层物体的真实形状，而是将问题转化为高精度地测量 PCB 中心的位置。

其他提出的方法利用了机器学习和统计技术来处理传感器信号,并提取皮肤形状的连续估计,如图 2-17(c)和(d)所示。这种方法更具一般性,可以更准确地估计变形软体机器人的状态。Rendl 等使用 PET 薄片上 16 个压电弯曲传感器的数据,将薄片的形状估计为几个形状基元的组合。Van Meerbeek 等将一组光纤嵌入弹性泡沫中,并使用机器学习算法通过其输出来预测泡沫的变形模式和变形角度,如图 2-17(c)所示。另一项研究使用神经网络,通过不可伸长的光纤布拉格光栅应变传感器来估计硅胶板的形状,如图 2-17(d)所示。

离散

(a) 带集成加速度计的六边形PCB　　　　　　(b) 带加速度计和磁力计的传感器网络

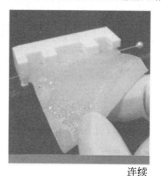

连续

(c) 硅胶泡沫中的光纤　　　　　　　　　(d) 硅胶中的光纤布拉格光栅

图 2-17　可以感知其 3D 形状的薄片

形状传感电子皮肤的最新进展使用了多种传感模式,范围从离散方法到连续方法

广义地说,传感方法可以分类为离散方法与连续方法,它们都有缺点。离散方法不能充分处理连续变形的曲面,而数据驱动的连续方法只能在有限变形条件下使用。解决这一问题可能需要应用微分几何的技术来融合旋转和应变数据以生成平滑的表面估计。在 Stanko 等的工作中,使用了单一的算法来估计像蘑菇、椅子和吉他这样不同的物体的形状。唯一需要的输入是连续方位测量之间的距离估计。当与可拉伸应变传感器和可拉伸电路相结合时,该算法可

以为软体机器人的复杂形状感知提供解决方案。

2.2.3　软体传感的挑战

虽然目前软体机器人传感技术已经展开了一定的工作,但是在多模态传感器、可拉伸导体和数据解释方法等方面仍有诸多挑战。首先,目前大多数软体传感器只能单独实现本体感知或触觉传感。为了在软体机器人中同时实现本体感知和触觉传感,并同步测量应变、压力、弯曲和扭转等信息,需要设计和开发鲁棒性好、综合性能高的多模态可拉伸传感器。其次,可拉伸导体的综合性能有待进一步提高。可拉伸导体是软体传感系统的核心材料,高延展性、良好的导电性和在不同应变条件下保持恒定的导电性是其理想特性。绝大多数可拉伸导体无法同时满足以上要求,因此需要开发新型可拉伸导体。最后,对传感系统进行数据解释的研究相对较少。目前,软体连续体机器人的形状重建算法过于简单,不能解决扭转、局部变形等较为复杂的问题。此外,针对任意形状的软体机器人的精确形状重建算法尚未得到研究。因此,需要开发先进的数据处理算法,以满足高效、准确地从传感器的原始数据中提取机械感知信息(如形状、变形、接触、压力、剪切力等)的需求。

2.3　驱动传感一体化

软体机器人多采用智能材料和智能结构,通过机械预编程可以完成一定的动作,实现驱动本体一体化。随着嵌入式柔性传感器和柔性电子技术的不断发展,软体机器人的驱动传感一体化成为可能。将传感器集成到软体机器人本体中,可使机器人感知更多的外界信息。例如,软体手在抓握物体时可以感知物体的形状,在灾难救援中可以感知生命体信息,在野外作业中可以感知障碍物和目标物等信息。

随着传感器越来越多地集成到软体机器人中,可以想象出一个概念平面,根据驱动和传感的复杂程度对现有的研究进行分类,如图 2-18 所示。独立的传感器位于 y 轴上,其中一些是相对简单的应变传感器,如图 2-18(a)底部的三张图片所示,而其他则是更复杂的传感方案,包括分布式或多模态传感,如图 2-18(a)上部的四张图片所示。x 轴代表以驱动为中心的软体机器人,展示了越来越复杂的软体系统的例子,这些软体系统可以行走、生长、游动,以及依靠化学燃料自主操作,如图 2-18(c)所示。最后,许多最近的工作已经开始探索驱动和传感的交叉,如图 2-18(b)的图片所示。

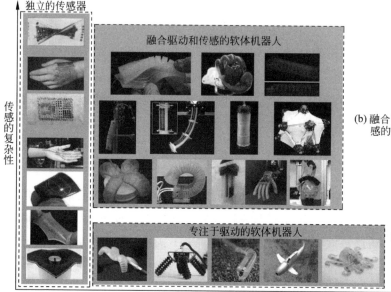

图 2-18　传感驱动一体化的趋势

　　近年来,可拉伸电子皮肤越来越受到人们的关注。研究人员试图开发可以印在柔软、可拉伸、可折叠甚至生物相容性材料上的电子电路。Robertson 等将柔性、可拉伸的液态金属皮肤传感器黏合到真空驱动的软体气动驱动器的外表面,以测量和控制驱动器的变形。Truby 等把现成的导电硅胶片通过激光切割制作成 Kirigami 结构的压阻式传感器,并集成到气动软体臂的表面作为本体感知皮肤。Booth 等展示了可重构的、可驱动的电子皮肤,可以从表面控制可变形的无生命物体的运动。然而,现有的大多数柔性传感器不是高度可拉伸的,它们的薄结构容易受到重复物理接触的影响。

　　另一种传感方法是将软体驱动器与传感器相结合(如低模量弹性体与液相材料相结合),使软体驱动器可以更自由、更灵活地运动。各种传感材料,包括可拉伸光波导、碳纳米管、液态金属、离子液体等,已经集成到软体机器人的微通道中用于传感反馈。例如,赵慧婵等将可拉伸光波导制成的光学传感器嵌入气动软体手指中,可以实现曲率、伸长和压力传感。Dang 等开发了一种集成了基于碳纳米管的可拉伸应变传感器的气动软体手指。除了碳纳米管,其他导电添加剂,如炭黑、金属纳米颗粒和石墨烯也已集成到弹性体中,以实现软体机器人的驱动和传感一体化。然而,这些刚性添加剂会影响软体机器人的柔软性,因此应该在所需的导电性和柔软性之间取得平衡。

除了上述的固体材料外,在该传感策略中也经常使用导电液体。Koivikko 等的研究表明,导电银墨可用作软体驱动器的电阻式曲率传感器。Truby 等通过嵌入式 3D 打印将导电离子凝胶和短效油墨打印在三种弹性基体中,使得软体气动驱动器能够同时获得触觉、本体感知和温度传感。Kim 等提出了一种具有独立触觉传感功能的软体充气模块。该模块的传感皮肤包含嵌入的微通道,其中充满了室温液态金属,即共晶镓-铟(EGaIn)合金。Helps 等提出了一种使用导电工作液的本体感知型软体驱动器,由于盐水的成本低、无毒和易得性的优点,使用盐水作为导电液体。工作液驱动驱动器变形,同时作为检测驱动器变形的应变传感部件。与传统的将独立的驱动器和独立的传感器相结合的方法相比,该集成传感方法更具优势,因为它显著降低了驱动器-传感器系统的体积、质量和复杂性。然而,该方法存在以下缺点:(1)由泄漏引起的潜在损坏风险;(2)复杂的制造工艺,这将限制其得到广泛的应用。

随着新的传感材料和软体材料的突破,以及 3D 打印技术的不断发展,多材料 3D 打印、固液混合打印、甚至是 4D 打印技术都有所突破。现有打印机已经可以打印橡胶、TPU 等软体材料,使直接打印软体机器人成为可能;打印 PVA、QSR 等水溶性支撑材料,使制造复杂腔道成为可能;以及直接打印液态合金、碳纳米管和导电墨等导电材料,提高了软体机器人传感器制造工艺水平。随着驱动和传感领域的不断发展,可以设想越来越复杂的驱动和传感将进一步集成,从而使软体机器人具有与生物系统相匹配或优于生物系统的能力。

习题

1. 列举常用软体传感器和传统刚性传感器类型,使用示意图和公式分析其传感原理,并思考如何评价软体和刚性传感器性能指标。

2. 列举刚性机器人常用的驱动方式,举出实例,并与软体机器人驱动方式进行对比分析。

3. 针对图 2-2(b)、(d)、(f)所示的软体机器人,在阅读文献并探究其运动特点的基础上,提出软体传感类型选择和布置策略。

4. 查找相关文献,寻找软体机器人驱动传感一体化的例子(至少 5 个),并指出每个软体机器人用到的驱动方式和传感类型,分析传感在其中起到的作用。

5. 试构想一软体机器人,使其能够应用于自己所研究的领域或使其具有一定的实际应用价值,简述其功能和作用,说明拟采用的驱动方式和传感类型。

第 3 章　软体机器人的材料、设计与制造

3.1　软体材料

材料的软硬程度一般用杨氏模量加以表征,金属、硬塑料等常用工程材料的杨氏模量大多在 10^9Pa 以上,而橡胶、聚二甲基硅氧烷、聚酯类弹性体和有机生物体,如皮肤、肌肉组织等,其杨氏模量大多在 $10^4 \sim 10^9 \text{Pa}$。在工程语境下"软"和"硬"有时是个相对概念,很难明确定义;但通常以 10^9Pa 为界,将杨氏模量在该量级以下的视为软体材料。

大多数软体机器人是由软体材料制作的,由于软体材料有比较大的拉伸率,使软体机器人能够灵活运动,具有多个自由度。随着研究的深入,多种软体材料被应用到了软体结构的设计和制造中,包括弹性体、水凝胶、形状记忆聚合物、电活性聚合物和液态金属等,不同性能的软体材料在软体机器人的设计中发挥着不同的作用。

3.1.1　弹性体

弹性体(Elastomers)是一种弹性聚合物,具有机械柔顺性和高弹性应变极限。柔顺性通常与杨氏模量(E)有关,杨氏模量与将材料拉伸规定量所需的拉应力成比例。在传统的工程应用中,应变通常较小,在应力和应变近似为线性关系的小变形区域,可以确定 E。然而,用于软体机器人的弹性体和其他软聚合物通常承受较大的应变。在这种情况下,它们的应力响应通常是非线性的。一般来说,需要额外的弹性系数来捕捉弹性体的应力-应变行为。尽管如此,杨氏模量仍然是比较材料刚度的一个有用的量度,因为在小应变时,整个非线性响应将收敛为线性化关系。一般来说,弹性体的模量在 $0.1 \sim 10 \text{MPa}$。尽管软体机器人往往由聚硅氧烷(Polysiloxanes)和聚丙烯酸酯弹性体组成,它们的模量通常在 $0.1 \sim 1 \text{MPa}$。

如果一种材料在施加的拉伸载荷下被拉伸后恢复到原来的长度,那么它就是弹性的。弹性体被认为是超弹性的,因为它们在很大的应变范围内表现出弹性响应,并且具有可以由应变能密度(W)导出的应力-应变关系。通常,W 用拉伸 λ_i 来表示,其中 $i \in \{1,2,3\}$ 对应于与弹性变形的主方向相关联的正交方向。对于边缘沿主方向定向的体积单元,拉伸定义为边缘的最终长度(l_i)除以初始长度(l_0)。同样地,(柯西)应力 σ_i 定义为沿相应主方向作用的内部压力(单位为 Pa)。对于不可压缩的超弹性固体,即体积保持不变;$\lambda_1 \lambda_2 \lambda_3 = 1$,计算得到的应力为 $\sigma_i = \lambda_i \{\partial W / \partial \lambda_i\} - p$。$p$ 值称为静水压力,在第一次推导本构关系时通常是未知的。它可以根据 σ_i 或 λ_i 的边界条件以及不可压缩性约束来确定。

弹性应变能密度(W)可以由固体的 Helmholtz 自由能推导出来。对于大多数软弹性体来说,它是由聚合物链的熵决定的,并且可以用统计力学从第一性原理得到。这包括常用的 Neo-Hookean 本构模型:$W = C_1 \{\lambda_1^2 + \lambda_2^2 + \lambda_3^2 - 3\}$,其中弹性系数 $C_1 = E/6$。应变能函数的形式也可以通过实验测量得到。超弹性固体的一种唯象表示是 Ogden 模型。

在软体机器人技术中,有许多弹性体因其柔顺性、拉伸性和弹性回弹而广受欢迎。聚二甲基硅氧烷等聚硅氧烷因其模量低、应变极限高、加载和卸载循环之间的迟滞相对较小而被广泛用于软体微流体和机器人领域。聚氨酯、聚丙烯酸酯、氢化苯乙烯-丁二烯嵌段共聚物和液晶弹性体也引起了人们的兴趣。在选择弹性体时,工程师通常会关注应变极限、模量和制造加工性等性能。但是,考虑蠕变、应力松弛和其他形式的非弹性变形等因素也很重要,这些非弹性变形可能会在连续加载和卸载过程中导致迟滞和能量损失。

1. 聚二甲基硅氧烷

聚二甲基硅氧烷(Polydimethylsiloxane,PDMS)是一种高分子有机硅化合物,是惰性、无毒、不易燃、透明的弹性体。因其具有透光性良好、生物相容性佳、易与多种材质室温接合、因低杨氏模量导致的结构高弹性等优点,在软体机器人中被广泛使用。铂固化的 PDMS 弹性体,如美国 Dow Corning 公司的 Sylgard 184 备受欢迎。

2. 聚氨酯

聚氨酯(Polyurethanes,PU)是一种柔性弹性材料,具有优良的综合力学性能。其具有以下 5 个特点。

(1) 优异的耐磨性能,常以耐磨橡胶著称。

(2) 在很宽的硬度范围内(邵氏 A10～邵氏 D85)保持较高的弹性(400%～800%的伸长率),负载支撑容量大、减震能力强,可以制成不同硬度的 PU 弹性体以适应不同的需求。

(3) 高强度和高伸长率,其扯断强度为 30.7～59.5MPa,是天然橡胶的 2～3 倍。

(4) 良好的耐油和耐多种溶剂性能,对于一般氧化、辐射等都有足够的抵抗能力。

(5) 撕裂强度高,比天然橡胶高几倍(PU 弹性体的撕裂强度为 52.5～70kN/m,天然橡胶的撕裂强度为 4～19.3kN/m)。

此外,它还有许多优点,如耐气候老化优于天然橡胶和其他合成橡胶;耐低温,-70℃仍可以使用;吸能减震效果好;生物相容性好,可用于制作人造心脏及假肢等。但 PU 弹性体的原始材料是有毒的,而且它们对酸、碱和水的化学耐受性不是很令人满意。PU 弹性体更常与银纳米线、PEDOT 和碳纳米管复合用作柔性器件和电子器件中的可拉伸电极的基体。

3. 聚丙烯酸酯

美国 3M 公司的商用 VHB 薄膜是最具代表性的聚丙烯酸酯(Polyacrylates,PA)弹性体。其具有的黏弹性、透明性和高度可拉伸性,使其成为柔性器件中介电层或透明基体的良好候选材料。然而,开发新型聚丙烯酸酯弹性体的研究目前还很少。Pei 的团队将互穿聚合物网络引入聚丙烯酸酯中,合成的弹性体具有快速的响应能力,可以产生高达 300%的应变。他们还通过控制交联密度开发了模量可切换的聚丙烯酸酯弹性体。纳米颗粒也可以与聚丙烯酸酯弹性体掺杂,以增加介电常数,从而产生更大的驱动力。此外,Duduta 等研制了一种基于多层聚丙烯酸酯和碳纳米管电极的可编程驱动器,在低电压(600～2000 V)、厚度为 25μm 的情况下,响应速度非常快(几毫秒)。

4. 氢化苯乙烯-丁二烯嵌段共聚物

氢化苯乙烯-丁二烯嵌段共聚物(Styrene-Ethylene-Butylene-Styrene,SEBS)不含不饱和双键,具有良好的稳定化学性能和优异的耐老化物理性能。

由于 SEBS 具有良好的耐候性、耐热性、耐压缩变形性和优异的力学性能,因此它的力学行为特性优异于大部分软体材料。SEBS 还具有良好的热稳定性、抗氧性和防紫外线的性能特点,所以应用范围和用途相当广泛。由于 SEBS 具有优异的延展性,能够满足软体机器人连续变形的需求,所以该材料是作为软体机器人制作材料的良好选择。

Parlak 等将 SEBS 弹性体用作集成可穿戴生物传感器的柔性基底,用于皮质醇的实时检测。即使 SEBS 材料应用于软体机器人领域的范例较少,但材料自身的物理特性和化学特性相当符合软体机器人对材料本身特性的需求,因此在软体机器人领域的应用前景非常可观。

5. 液晶弹性体

液晶弹性体(Liquid Crystal Elastomers,LCEs)是一种以液晶分子为物理交联,结合熵弹性和自组织特性的新型热塑性弹性体。在分子水平上,液晶表现出长程取向或位置组织。通过改变液晶单元的取向顺序和聚合物网络的熵弹性,LCEs 可以获得自组织和固有柔软的双重特性,使其能够对外界刺激进行大变形响应。LCEs 具有大变形(50%~400%)、形状记忆和自愈能力等优良特性,使 LCEs 成为软体机器人领域极具前景的软体材料。

一般来说,LCEs 的刺激响应机制可以分为光诱导、热诱导、光热诱导和光化学诱导。LCEs 通常表现出相当大的变形,但由于其很软,导致驱动下的输出力很小。几乎所有的 LCEs 对温度变化都很敏感。在相变温度附近,LCEs 可逆地从有序的各向异性相(伸长)转变为无序的各向同性相(收缩)。1981 年,Finkelmann 等合成了世界上第一批 LCEs,当受热时,LCEs 收缩并显示出 26% 的收缩应变。

在光诱导 LCEs 中,光诱导异构化主要是由偶氮苯等光致变色分子引起的。在此过程中,偶氮苯分子稳定的反式异构体转变为亚稳态的顺式异构体,导致液晶向各向同性状态转变。单壁碳纳米管、聚多巴胺和氧化石墨烯能够吸收近红外或红外光,光能迅速转化为热能。然而,光诱导在机器人应用中并不实用,特别是对于厚度大于几百微米的结构和环境光可能会干扰可逆驱动的环境。

LCEs 具有良好的顺应性(通常杨氏模量小于 10MPa)和对热刺激的可逆性,是下一代人工肌肉的理想材料。研究表明,LCEs 可以产生与哺乳动物骨骼肌相同的驱动应变和应力。对于热响应性 LCEs,在实际使用中,通常将加热元件集成到弹性体中,但是电热丝可能会限制材料的拉伸性。此外,冷却过程通常难以实施和控制。

LCEs 还被用作介电弹性体驱动器的介电层,以实现快速驱动和定向形状编程。液晶单元在受到电场作用时可以重新取向;然而通常需要相对较大的电场(大约 $10^6 \mathrm{V/m}$)。此外,通过在聚合物网络中引入大量的氢键和金属配位键,也可以构建自愈合 LCEs。LCEs 的自愈能力对于在不可预测的环境中容易受到机械损伤的软体机器人而言非常关键。

3.1.2　水凝胶

水凝胶是一种高含水量(通常为 80wt%～90wt%)的交联聚合物网络,能够通过氢键吸附和保留大量的水分子,并以可逆的方式释放水。与其他软体材料相比,由水分子和聚合物网络组成的混合结构赋予了水凝胶液固耦合的特性。自 20 世纪 60 年代首次提出亲水性凝胶的生物应用以来,由于其具有柔软性、可拉伸性、透明性、黏附性、刺激响应性、自愈性、生物相容性等优点,水凝胶取得了快速的发展,目前已成为在软体机器人领域具有广阔应用前景的软体材料之一。

传统的水凝胶合成方法包括通过共价键和离子相互作用进行化学交联,以及通过缠结进行物理交联。化学交联的水凝胶通常表现出优异的力学性能,包括韧性、刚度和强度。另一方面,强而不可逆的共价键往往导致刺激响应缓慢,拉伸性有限,自愈性差。氢键等物理交联方法比化学键更容易断裂和重建,为自愈提供了一种有效的途径。物理交联水凝胶通常具有较低的力学性能,这给其在软体机器人领域的应用带来了挑战。

水凝胶特殊的物理和化学性质对其在软体机器人中的广泛应用具有重要意义。水凝胶具有固有的柔软性和顺应性,弹性模量大多在 1～100kPa。水凝胶具有优异的可拉伸性和韧性,包括纳米复合材料、双网络和滑动交联在内的新策略已经被开发出来,以进一步提高水凝胶的力学性能。Gaharwar 等通过在共价交联的聚乙二醇网络中添加硅酸盐纳米颗粒,制备了高度可拉伸(1500%)的水凝胶。其中,共价交联限制了聚合物链的运动,使得聚合物具有很大的弹性。同时,硅酸盐纳米颗粒与聚合物链之间的物理交联形成了黏弹性网络,提高了水凝胶的伸长率。Sun 等研制了一种结合离子和化学交联的双网络水凝胶,可以拉伸到 2000% 以上,断裂能为 9000J/m²。当这种水凝胶被拉伸时,离子交联的海藻酸盐网络被破坏,基本上耗散了应变能,而共价交联的聚丙烯酰胺网络使水凝胶恢复到原来的形态。如图 3-1(a)所示,这种双网络方法使水凝胶具有很强的抗缺陷能力,即使是有缺口的水凝胶也可保持 1700% 的拉伸性。

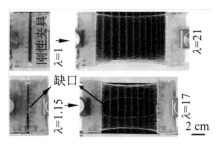

(a) 由具有离子和共价交联网络的聚合物制成的具有高度可拉伸性和抗缺陷能力的水凝胶

(b) 软体隐形水凝胶抓手

(c) 水凝胶与光滑表面的充分结合

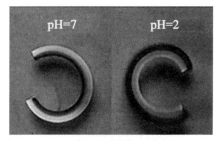

(d) pH响应型水凝胶制成的驱动器

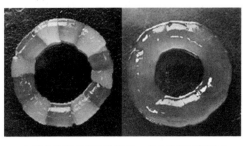

(e) 颜色交替水凝胶的自愈,左为着色剂扩散1h,右为着色剂扩散36h

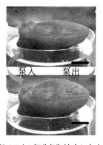

(f) 水凝胶3D打印制造的气动人工心脏

图 3-1　水凝胶的性质

水凝胶还具有独特的透明性,使隐形的软体机器人成为可能。由水凝胶制成的软体隐形抓手,如图 3-1(b)所示。由于水凝胶的透明性质,水凝胶抓手可以很容易地捕获金鱼。此外,由于水和水凝胶的声阻抗仅相差约 1%,在水中超声波检测不到水凝胶(90 wt% 以上是水),这表明了水凝胶在军事上的潜在应用。

功能器件通常由多层材料组成。水凝胶与其他材料(如弹性体、织物和软组织)之间的高黏合强度变得至关重要。水凝胶可与光滑的玻璃基底相结合,如图 3-1(c)所示,其界面韧性值超过 $1000J/m^2$,甚至高于人体肌腱与骨骼之间的界面韧性值($800J/m^2$)。这种牢固的结合源于水凝胶和玻璃之间的共价锚定。通过将二苯甲酮改性的弹性体共价接枝到预成型的水凝胶上,水凝胶和弹性体之间可以实现类似的强结合。二苯甲酮的使用减轻了氧抑制效应,并激活了弹性体表面。该策略适用于各种常见的弹性体和水凝胶。

水凝胶可以在热、pH、光、化学、电等各种外界刺激下吸收或释放水,从而产生可控、可逆的形状变化,因此可以作为智能驱动材料应用于软体机器人的驱动。如果水凝胶驱动器具有各向同性结构,在均匀刺激下只能实现简单的均匀膨胀或收缩,这限制了其进一步的应用。随着水凝胶驱动器的发展,人们探索了复杂的变形和运动,以扩大其潜在的应用。目前研究的实现复杂变形和运动的方法可分为两大类。

(1)在各向同性水凝胶上施加电场或局部光照等外部非均匀刺激。

(2)制备内部各向异性水凝胶。

由于难以在水凝胶驱动器上精确施加非均匀的外界刺激,因此制备各向异性结构来实现复杂变形越来越受到人们的欢迎。由于具有非均匀的性质,这类水凝胶驱动器可以在均匀刺激下产生非均匀响应,从而实现各种复杂的变形和运动。Gladman 等通过加入纤维素纤维将各向异性引入丙烯酰胺水凝胶中,该水凝胶在水中膨胀时可产生动态的、复杂的 3D 形状。Duan 等利用分别在低 pH条件和高 pH 条件下具有显著溶胀性能的水凝胶制备了形状可重构的双层水凝胶驱动器,可实现双向变形行为,如图 3-1(d)所示。

此外,一些水凝胶在受损时通常会表现出存在于生物组织中的自愈能力。自愈使器件在损坏后能够恢复其功能或形态,这可以有效地提高器件的安全性并延长使用寿命。水凝胶的自愈能力通常是通过动态交联或非共价相互作用来实现的。动态交联大多需要额外的刺激(如热、pH 或光)或愈合剂,以触发可逆的自愈过程。例如,由金属纳米结构组件交联的具有高度有序的层状网络的水凝胶可在近红外辐射和低 pH 条件下表现出快速、高效的多响应自愈能力,适合在极端工作条件下构建鲁棒的软体机器人。非共价相互作用使网络能够自动自愈,其中网络通过各种驱动力重建,如主-客体识别、氢键、π-π 堆积、金属-配体相互作用或静电相互作用。例如,通过主-客体相互作用合成的自愈(L-谷氨酸)水凝胶在损伤后 1min 内可以恢复其初始强度,不需要任何额外的刺激,如图 3-1(e)所示。

由于水凝胶富含水的性质以及与天然细胞外基质的结构相似,水凝胶具有高度的生物相容性,非常适合于仿生应用。水凝胶可以通过设计的酶水解、酯水解、光解裂解或它们的组合以受控的方式和速率降解。水凝胶可抵抗皮下植入后异物反应诱导的胶原膜的形成。Liu 等通过将基因工程细胞与水凝胶-弹性体混合物相结合,研制了可拉伸的生物传感器和交互式基因电路。为了模仿人类的心脏跳动,Chen 等利用 3D 打印技术制造了水凝胶材料的气动人工心脏,当压缩空气被泵入时,人工心脏扩张,当压缩空气被泵出时,人工心脏收缩,如图 3-1(f)所示。

水凝胶面临的主要问题是保水性。高含水量的水凝胶在低湿度环境下容易脱水,导致水凝胶干燥和硬化,这限制了其在机器人设备中的鲁棒性和长期使用。据报道,加入保湿填料和涂覆层等方法可以减缓水分流失并保持初始性能。然而,更有效的保水方法还需要进一步探索。

3.1.3　形状记忆聚合物

能够被编程为任意形状并在特定外界刺激(如热和光)下恢复记忆形状的响应材料通常被称为形状记忆材料。目前,形状记忆材料主要包括形状记忆聚合物(Shape Memory Polymer,SMP)、形状记忆合金(Shape Memory Alloy,SMA)、形状记忆陶瓷等几种类型。与后两种刚性形状记忆材料相比,SMP 不仅具有固有的柔软性和顺应性,还具有密度小(密度一般为 $1.0\sim1.3\mathrm{g/cm^3}$)、价格低廉、变形量大、赋形容易、临时形状多样化、形状回复温度可调、模量变化可逆等优异的性能。

SMP 是一类能够记忆初始形状,并能够在特定外部环境(如光、电、磁、热、溶剂等)的刺激下回复到初始形状的高分子材料。SMP 具有优异的形状记忆功能主要是由于 SMP 网络体系中具有不随外界环境条件变化使其能回复其初始形状的固定相(化学交联、结晶、氢键及分子缠连等)和赋予其变形能力随外界环境条件变化的可逆相(玻璃化转变、结晶熔融转变及液晶相转变等)。与其他外界刺激相比,热驱动型 SMP 已经得到了广泛的研究。

典型的热驱动型 SMP 的形状记忆机制为:加热 SMP 至玻璃化转变温度

T_{g} 以上,施加额外的作用力赋予 SMP 特定的形状;在持续外力的作用下将 SMP 降温至 T_{g} 以下,撤掉外力作用后临时形状得以固定;重新加热 SMP 到 T_{g} 以上时,SMP 分子链可自由活动,材料将自发地回复到其原始形状。

聚合物的形状记忆效应(Shape Memory Effect,SME)最早可追溯到 1941 年,Vernon 在专利中指出甲基丙烯酸酯具有"弹性记忆"效应。之后,1960 年 Charlesby 在《原子辐射与聚合物》一书中就辐射交联聚乙烯的记忆效应现象进行了描述;20 世纪 60 年代,聚合物的 SME 概念在商业产品中得到应用,主要以电绝缘热收缩聚乙烯管的形式出现;1984 年,法国 CDF-Chimei(现今的 ORKEM)公司成功开发了含有双键和五元环交替键合的无定形聚降冰片烯,后由日本杰昂公司发现 SME 并投入市场。这被认为是 SMP 的首次官方应用。近年来,具有复杂形态和可逆形状变化的 SMP 进一步被应用于软体机器人驱动器和其他结构部件。

多功能刺激响应特性使 SMP 成为一种新兴的候选材料,特别是在软体机器人驱动方面。SMP 除了固有的柔软性外,还具有刚度可调的能力,弹性模量可发生 2~3 个数量级的变化。可逆的刚度可调性对于需要克服低负载能力和窄刚度范围限制的软体机器人系统具有重要意义。

SMP 主要有以下 4 种分类方法。

(1) 根据驱动方式的不同,可将其分为热驱动型 SMP、光驱动型 SMP、电驱动型 SMP、溶剂驱动型 SMP 及磁驱动型 SMP。

(2) 依据 SMP 固定相结构特征的不同,可将其分为热塑性 SMP 和热固性 SMP。可多次塑性成型的聚酰亚胺(PI)、聚氨酯、聚降冰片烯等聚合物都属于热塑性 SMP;可通过添加固化剂或交联剂进行交联或者是成型的聚合物不可以反复多次塑性成型而称为热固性 SMP(如交联聚乙烯)。

(3) 根据形状记忆过程中能记忆的临时形状数目的不同可将 SMP 分为双重 SMP、三重 SMP 和多重 SMP。

(4) 根据形状改变是否需要重新程序化而将 SMP 分为单向 SMP(需要重新程序化)和双向 SMP(不需要重新程序化)。最简单、最常见的形状记忆聚合物为单向的双重 SMP。

SMP 的未来发展需要克服转换速度慢和滞后的问题。响应时间与材料的固有性质有关,也受外部加热或冷却过程的影响。一个可能的解决方案是优化热系统的配置。比如,与传统的对流冷却方法相比,流体微通道冷却系统显著缩短了 SMP 驱动器的热响应时间。此外,响应的空间定位对于形态的复杂性和驱动行为的多样性具有重要意义。例如,在恢复阶段可以施加不均匀的热刺激,以诱导弯曲运动作为中间形状。

3.1.4　电活性聚合物

电活性聚合物(Electro-active Polymer,EAP)是一类在电场激励下可以产生大幅度尺寸或形状变化的新型柔性功能材料。按变形机理不同又可分为两大类:一类是电场型,即材料在电场力驱动下产生形变;另一类是离子型,其形变主要由带电离子的定向迁移引起。介电弹性体(Dielectric Elastomer,DE)和离子聚合物-金属复合材料(Ionic Polymer-Metal Composites,IPMC)分别是这两类 EAP 的典型代表。

1. 介电弹性体

介电弹性体(DE)是一类典型的电活性材料,自从 2000 年 Pelrine 等首次证明丙烯酸弹性体(3M VHB)在施加外部电压后可以产生高达 380% 的应变以来,已被广泛用作软体机器人系统的驱动器。常用的 DE 材料可分为三大类:聚氨酯(PU)、聚丙烯酸酯和有机硅。每种材料都有其优缺点。

(1) PU 通常具有较高的介电常数和较大的力输出,并且需要较低的电场来驱动。同时,PU 具有较高的弹性模量。

(2) 聚丙烯酸酯在产生较大的电压诱导应变方面更有优势。商用 3M VHB 聚丙烯酸酯主要用于产生大变形,如线性应变超过 380%,面积应变超过 2200%。然而,聚丙烯酸酯中的黏弹性非线性会影响整体性能和可重复性,需要有效的控制策略进行补偿。

(3) 有机硅表现出中等的驱动应变,这主要是由于有机硅的介电常数较小。此外,有机硅的黏度损失比聚丙烯酸酯低得多,可以在更高的频率和更宽的温度范围内工作,产生的热量更少。有机硅固有的稳定性使其在激活时具有可重复和可再现的驱动。

介电弹性体驱动器(DEA)的结构可以被简单地看作一个柔性电容器,介电弹性体夹在两个柔性电极之间。当高电压施加到电极上时,电极之间会产生电场。引起的麦克斯韦应力导致弹性体的面积膨胀和厚度收缩。电能可以直接、自由地转换为机械能,这使得 DEA 具有结构紧凑、响应迅速的优点。DE 由电

压引起的麦克斯韦应力 s 和应变 ε 可以表示为

$$s = \varepsilon_0 \varepsilon_r E^2 = \varepsilon_0 \varepsilon_r \left(\frac{V}{h}\right)^2 \tag{3.1}$$

$$\varepsilon = \frac{s}{Y} \tag{3.2}$$

式中，ε_0 是真空介电常数；ε_r 是材料的相对介电常数；E 是由外加电压 V 和弹性体厚度 h 所决定的电场，其不能超过临界击穿强度（也称为介电强度）；Y 是杨氏模量。

根据式(3.1)和式(3.2)中的关系，研究人员一直在努力通过开发高介电常数和高介电强度的材料来改善机电应变。材料科学家们试图通过在介电基质中引入额外的成分（如有机偶极和导电纳米填料）来提高介电常数。例如，Risse 等在成膜过程中将强推拉偶极子化学接枝到有机硅弹性体网络上，导致在所有频率下的介电常数增加，但介电强度和材料模量下降。产生的最大驱动应变是这些影响之间的折中，并且是特定于材料的。Fiorido 等采用静电纺丝法制备了一种含 Fe_3C 基纳米填料的 PU 基体，其介电常数在所有频率下都有显著提高，激活时的偏转应变也有很大提高。

研究人员也在努力提高 DEA 的介电强度。Huang 等发现材料的介电强度随拉伸程度的增加而增加。这是 DEA 通常需要进行一定程度的预拉伸的部分原因。La 等进一步发现，当 DEA(3M VHB)浸泡在硅油中时，介电强度可提高到 800MV/m（在空气中为 450MV/m）。内在原因是导热硅油稳定了介电材料的温度，减轻了局部热失控，从而保持了电绝缘。延长 DE 使用寿命的一个直接解决方案是开发可自愈的弹性体，使其在发生撕裂或电击穿等有害损伤后仍能保持功能。例如，Madsen 等通过引入有机硅弹性体和离子有机硅的互穿聚合物网络，离子交联的有机硅由于离子键的重新组装而具有自愈性能。在自愈后，应变和应力的恢复是高度材料特异性的，开发各种类型的自愈型 DE 还需要进一步的研究。自愈能力有利于增强 DE 在恶劣环境下的高压循环稳定性和鲁棒性。

柔性电极对 DEA 的功能也有重要影响。一般来说，电极应具有良好的导电性、柔顺性（与介电材料相当）和与 DE 结合的坚固性。DEA 中常用的电极材料包括碳脂、石墨、碳粉和碳纳米管(CNT)。碳脂因其具有高度的柔顺性、导电性和易得性而得到广泛应用。La 等进一步封装碳脂以提高热稳定性，从而提高介电强度。碳纳米管电极是多层堆叠 DEA 的首选电极，因为它们非常薄，在相邻的 DE 层之间留下了足够的间隙进行黏合。离子电极（即水凝胶）具有良好的光学透明性和自愈性,在伪装等领域也具有优势。

上述对 DE 和电极的化学或材料层面的修改经常导致性能上的损害。例如,当介电常数增加时,介电强度通常会降低。除了这些改进外,DEA 的结构工程也是提高其机电性能的有效途径。例如,Hajiesmaili 等在多层 DE 上打印了一组同心的硬质纤维,用于在激活时将平板变形为圆锥形,并且可以反向设计纤维图案,以生成所需的形状。该团队还通过对多层结构上的梯度电极施加空间变化的电场达到了同样的目的。这种创新的方法很好地利用了电极图案的自由设计来调节驱动场,从而调节诱导位移场。此外,Chen 等提出了一种更通用的方法,利用基于水平集的拓扑优化方法实现电极图案的自动化设计。

2. 离子聚合物-金属复合材料

离子聚合物-金属复合材料(IPMC)由离子交换膜和涂镀在膜两侧的贵金属电极构成,其中离子交换膜常采用 Dupont 公司的 Nafion 薄膜,贵金属常采用铂或金。当对 IPMC 两侧电极施加激励电压时,由于离子迁移而产生向阳极方向较大的弯曲变形;反过来,当 IPMC 在外力作用下弯曲变形时,也会在两侧电极上产生电压,因此,IPMC 材料既可以用作驱动器,又可以用作传感器。与压电陶瓷、形状记忆合金等传统硬质功能材料相比,IPMC 材料具有变形大、响应迅速、质量轻、柔性好、生物相容性出色等优点。

关于 IPMC 的变形机理,水合阳离子迁移说认为:在电场作用下,IPMC 内部的阳离子会结合水分子形成水合阳离子,并向阴极方向运动,这种运动将形成流体压力梯度,造成 IPMC 的弯曲变形。静电力机理说认为:阳离子在电场下,多数聚集在阴极附近,阳离子、阴离子相互之间的静电力拉伸了阴极和阳极区域的 IPMC,导致了 IPMC 向阳极弯曲变形。大多数研究者倾向于认为材料的变形是以上两种效应综合作用的结果。IPMC 在相对较低的驱动电压(1~5V)下即可产生较大的弯曲变形。考虑 IPMC 通常以悬臂梁的形式工作,可以调整梁的几何特性(如厚度、宽度和长度)以实现不同程度的力和挠度。例如,获得更高弯曲幅度的一个主要方法是使用非常薄的 IPMC 薄膜,因为挠度与厚度的 3 次方成反比。但过薄的 IPMC 薄膜,在垂直于弯曲面的平面上受力时,将缺乏必要的刚度。

Mojarrad 等认为悬臂式 IPMC 的输出电压与端部位移的关系,其中输出信号的大小和方向直接取决于外加变形的大小和方向。IPMC 的传感现象是由于材料变形时移动阳离子的迁移而产生的,如图 3-2 所示,这会导致材料在厚度方向上的电荷不平衡,进而在电极之间产生电压差。IPMC 对外加压力和周围刺激具有较高的灵敏度,比传统的压电材料的灵敏度要高一个数量级。IPMC 传感器可以检测极小的变形,并且能对弯曲、拉伸、压缩、扭转和剪切等变形模式进行感知。

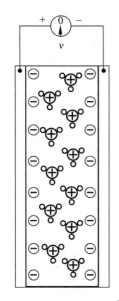
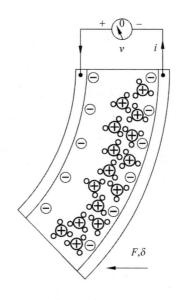

图 3-2　IPMC 内部的传感现象

〇—溶剂分子;⊖—固定的阴离子;⊕—移动的阳离子;F—力;δ—位移;i—电流(输出);v—电压(输出)

　　IPMC 的驱动与传感不对称:对于相同的弯曲变形,引起驱动所需的电压比在传感中观察到的电压高一个数量级;IPMC 驱动器在阳离子完全水合时表现出最佳性能,而传感器有时在空气中接近或达到平衡时表现出最佳性能。

3.1.5　液态金属

　　液态金属是一类在室温下呈现流动特性的低熔点合金或金属材料。液态金属由于其固有的性质,同时兼具了导电性和变形性。有五种已知的金属元素在室温或接近室温时呈液态:钫(Fr)、铯(Cs)、铷(Rb)、汞(Hg)和镓(Ga)。

　　(1)钫具有放射性。

　　(2)铯和铷都会与空气发生剧烈反应,不适合于普通器件应用。

　　(3)汞具有较高的电导率,在电子器件中得到了广泛的应用。然而,汞是有毒的,并且表面张力很高,这使得它难以加工,也很难与其他材料兼容。

（4）与汞相比，镓及其合金，如共晶镓铟（EGaIn，其中镓的质量分数为75％和铟的质量分数为25％）和镓铟锡合金（Galinstan，其中镓的质量分数为68.5％、铟的质量分数为21.5％和锡的质量分数为10％）的毒性要小得多，且具有更高的电导率。共晶镓铟、镓铟锡合金以及汞在室温下的物理参数见表3-1。此外，镓及其合金的蒸汽压可以忽略不计，这使得它们比汞要安全得多。更重要的是，镓基合金与空气接触后，在其表面可形成一层原子般薄的氧化层（Ga_2O_3）。氧化层可以为镓基合金提供机械稳定性并使其易于用简单的方法图案化。因此，镓及其合金是软体机器人领域最常用的液态金属。

后文中如不特别注明，液态金属均指镓及其合金。

表 3-1　室温下共晶镓铟、镓铟锡合金和汞的物理参数

参　　　　数	共晶镓铟	镓铟锡合金	汞
熔点/℃	15.5	−19	−38.8
密度/(kg·m^{-3})	6280	6440	1353
黏度/(Pa·s)	$2.0×10^{-3}$	$2.4×10^{-3}$	$1.5×10^{-3}$
表面张力/(N·m^{-1})	0.624	0.718	0.487
电导率/(S·m^{-1})	$3.4×10^6$	$3.46×10^6$	$1.0×10^6$
热导率/(W·m^{-1}·K^{-1})	26.4	25.4	8.18

注：热导率为在37℃下测得的数据。

镓是汞的低毒替代品。与汞不同，镓在室温下基本上没有蒸汽压，这意味着它可以在化学罩外处理，而不需要担心吸入。和大多数金属一样，金属镓在水中的溶解度可以忽略不计，因此只能以盐的形式进入血液。镓盐（如硝酸镓）已被美国食品和药物管理局（FDA）批准用于磁共振成像（MRI）造影剂，并具有一定的治疗价值。近年来，镓基液态金属被证明是一种有效的抗癌药物载体。此外，以敏感著称的神经元在共晶镓铟的存在下也能安全地生长。然而随着对液态金属毒性的了解越来越多，处理液态金属仍应谨慎。例如，一种合成的镓金属有机盐被发现是有毒的。

当液态金属暴露在空气中时，即使氧气含量为百万分之一，也会迅速且不可避免地形成一层原子般薄的氧化层。氧化层的典型厚度为0.5～3nm。该氧化层对液态金属的电荷传输影响可以忽略不计，但可以承受0.5～0.6N/m的最大表面应力。氧化层允许金属附着在表面，并采用表面张力所不允许的形状，包括那些对柔软和可拉伸的电子器件有用的形状。例如，将液态金属液滴堆积成非球形是可能的，如图3-3(a)所示。裸露的液态金属具有很大的表面张

(a) 液态金属液滴堆积成非球形

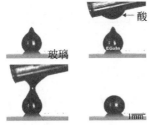

(b) 锥形的液态金属由表面氧化物稳定，酸可以除去氧化物。在没有氧化物的情况下，由于裸露金属的表面张力很大，金属聚集成水珠状

(c) 一座由液态金属液滴组成的塔

(d) 具有高图案分辨率的液态金属线

(e) 在PVC薄膜上打印的复杂液态金属图案

图 3-3　液态金属氧化层的性质及作用

力，在没有氧化层的情况下会形成液珠，并使大多数表面去浸润，如图 3-3(b)所示。氧化层是两性的，因此可以用酸(如盐酸)或碱(如氢氧化钠)除去。它也可以通过电化学方法去除。电化学沉积和去除氧化物的能力为使用低电压重新配置金属的形状提供了新的机会。以上特性使得各种对液态金属进行成形和图案化的方法成为可能。图案化方法可以分为四类，如图 3-4 所示。

(1) 平板印刷法：直接或间接使用平板印刷工艺(如光刻)获得期望的图案。

(2) 注射法：利用气压或其他力量将金属注入预先设定的模板中来成型。

(3) 减材法：选择性地从基底上去除液态金属(例如，通过激光烧蚀)。

(4) 增材法：仅在所需区域打印或涂覆液态金属。

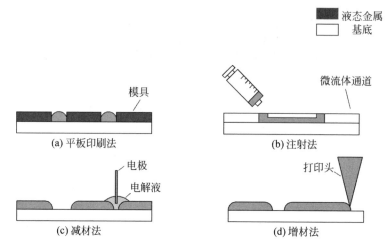

图 3-4　液态金属图案化方法

　　这些方法的最新进展可以形成具有复杂三维结构和高分辨率（最小线宽为 $2\mu m$）的液态金属，分别如图 3-3(c)和(d)所示。此外，可以很容易地形成高精度和高分辨率的液态金属的复杂图案，如图 3-3(e)所示。

　　液态金属通常嵌入弹性体［如 Ecoflex、聚二甲基硅氧烷（PDMS）、聚丙烯酸酯和嵌段共聚物弹性体］的流体通道中，形成本质上可拉伸的导体。液态金属由于具有流动性，不会给弹性体增加任何机械载荷。因此，所得导体的机械性能主要取决于弹性体。通过将液态金属和高度可拉伸的三嵌段共聚物凝胶相结合的超可拉伸（600％）导体已经得到了证明。液态金属可以注入中空纤维中，以大量生产具有良好拉伸性（700％）、可忽略的应力-应变循环滞后和金属导电性的导电纤维，如图 3-5(a)所示。

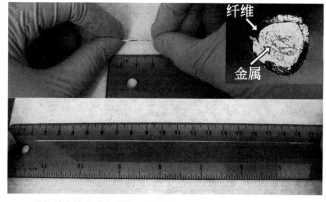

(a) 内部填充液态合金的超可拉伸导电纤维，从2cm拉伸到20cm

图 3-5　液态金属的应用

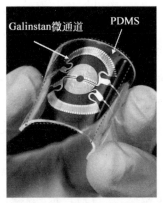

(b) 微流体触摸式膜片压力传感器

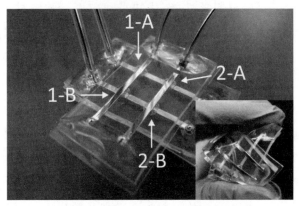

(c) 具有2×2纵横阵列的集成软忆阻器电路的样机

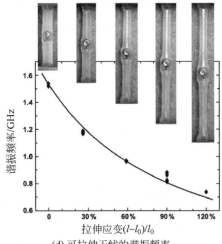

(d) 可拉伸天线的谐振频率

图 3-5　（续）

除了可拉伸导体外,液态金属还可以用作软体传感器、电子元件和可重构器件。液态金属变形时电阻或电容的相关变化可用于检测触摸、压力和应变,如基于嵌入式 Galinstan 微通道的微流体触觉膜片压力传感器,如图 3-5(b)所示。由两层薄水凝胶隔开的两个液态金属电极组成的忆阻器已用于集成电路中,显示了其在生物电子系统中的潜在应用,如图 3-5(c)所示。可重构电子器件可根据液态金属形状可逆地改变器件功能。例如,可拉伸天线的谐振频率可以通过拉伸弹性体中的液态金属在很大范围内进行机械调节,如图 3-5(d)所示。

3.1 节介绍了弹性体、水凝胶、形状记忆聚合物、电活性聚合物和液态金属等软体材料,讨论了这些材料的性能、优缺点和应用。软体材料通常存在机械强度有限的问题,这阻碍了它们在机器人领域中的商业化和长期性应用。可以引入自愈能力来增强软体材料的鲁棒性和适应性。然而,可自愈材料大多还处于概念验证阶段,需要对其自愈机制和性能进行进一步的研究。与刚性材料相比,软体材料的重复性和一致性较差,具有不利影响。弹性体和水凝胶普遍存在的黏弹性引起的迟滞可能导致传感器的信号基线漂移和软体驱动器的不期望输出。目前,需要在软体材料的各种性能之间进行权衡,以实现所开发的软体机器人的最优化。迄今为止,现有的软体机器人系统的实际应用仍然有限。其中,一个主要问题是基于全软体材料的驱动器的输出力相对较低。与许多由骨骼支撑的生物体类似,在不久的将来,将软体材料与刚性框架相结合将是一个有吸引力的方向。具有变刚度能力的功能材料也有利于实现驱动器刚柔耦合的设计。

3.2 软体力学与结构设计

生物软组织结构和运动机理一直是科学家们研究和学习的对象。生物肌肉可以通过肌纤维的收缩带动骨骼运动。气动肌肉就是模仿生物肌肉而研发的,这种驱动器是一种由编织网密封弹性橡胶的多层结构,通过改变编织网的缠绕角度和绕线密度可以使其在高压下实现伸长、收缩或者弯曲等运动,将不同运动形式的气动肌肉并联组合,可以产生更为复杂的三维弯曲和扭转运动。气动肌肉在机器人领域已有了广泛的应用,但受橡胶材料弹性模量的限制,这种结构运动幅度较小。

　　利用超弹性硅胶材料的软体机器人因材料自身可以伸长数百倍,从而可以产生极大的变形。目前这种结构主要有两大类:基于非对称几何结构的弹性驱动器和纤维增强驱动器。非对称几何结构的弹性驱动器因高延展性、高适应性和低能耗等优势受到广泛关注。这种驱动器一般由两部分组成:内嵌气道网络的可延展层和不可延展的限制层,如图 3-6(a)所示。在充气的过程中,限制层不能伸长只能弯曲,从而限制延展层的伸长趋势产生弯曲运动。改变驱动器内部气道的形状、几何角度和排布方式,或者采用智能材料作为限制层,可以实现更为复杂的双向弯曲、三维弯曲、伸长和扭转等运动。该驱动器在抓持器、仿生机器人、医疗机器人等领域都得到了应用。纤维增强驱动器是一种类似静水骨骼的仿生结构。这种结构一般由弹性密封腔、纤维强化层和纤维限制层三部分组成,如图 3-6(b)所示,通过改变纤维线的缠绕方式和数量或者将多种驱动器并联组合,可以实现轴向伸长、径向膨胀、扭曲和弯曲等动作或多种动作的组合。目前,这种驱动器在仿生机器人、可穿戴康复机器人等领域得到了应用。除了采用特殊结构设计来实现不同的运动外,也可以利用智能材料在声、光、电、热等刺激下的相变或者结构改变特性来实现某些运动形式。例如,学者们通过将 SMA(图 3-6(c))、形状记忆聚合物和 DE(图 3-6(d))等材料加工成不同的结构,在外界物理场的作用下也可以实现弯曲甚至复杂的三维运动。

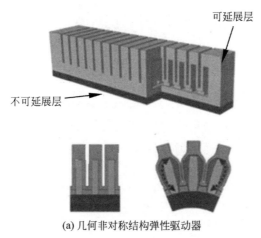

(a) 几何非对称结构弹性驱动器

图 3-6　几种软体机器人仿生结构

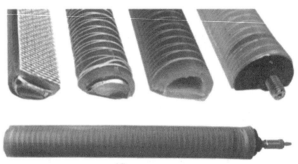

17cm

(b) 纤维增强驱动器

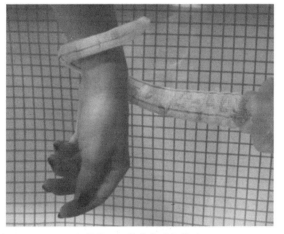

(c) 基于SMA的仿生章鱼触手

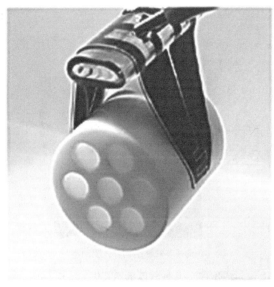

(d) 基于介电弹性体的抓持手

图 3-6　（续）

3.3　软体机器人变刚度

软体机器人内在的灵活性和柔顺性虽然使其能够更好地适应环境和任务，但当需要输出较大的力或者承受较大外界载荷或者干扰时，由于自身较低的结构刚度而产生难以预测或者控制的复杂变形，从而降低了承载输出的能力，提高了运动控制的难度。在自然界，象鼻、章鱼触手、动物舌头等生物组织不仅柔软灵活，并且能够具有不错的承载和输出能力，奥秘便在于它们的变刚度"静水骨骼"。研究者通过模仿生物"静水骨骼"的变刚度特性来设计软体机器人，使其不仅能够利用自身柔顺性实现与外界灵活安全的交互，在必要时还能通过提高自身结构刚度大幅提高力的传递水平，从而提高机器人的承载和输出能力，并为软体机器人的运动变形等控制带来便利。

目前，软体机器人变刚度方法大致可分为两大类：结构变刚度方法和材料变刚度方法。结构变刚度方法一般通过构思精巧的结构设计，基于结构之间的相互作用实现变刚度，包括拮抗作用和阻塞作用等；材料变刚度方法一般通过外部激励的作用，如温度、磁场或电场等，诱导材料的物理特性或化学特性发生改变从而实现变刚度，主要通过低熔点合金、电流变液、磁流变液、形状记忆聚合物等材料实现。

3.3.1　基于拮抗原理变刚度

基于拮抗原理的变刚度方法是通过形成结构间的拮抗作用，使其处于一种受力平衡、结构稳定的状态，在一定程度上实现刚度增加。

主动式的拮抗作用由一对或者多个驱动器单元组成，其中一部分驱动器与另一部分驱动器的驱动方向相反（例如轴向伸长与收缩或者相反方向的弯曲运动）。如图 3-7(a)所示，1 个 McKibben 收缩驱动器周围围绕着 5 个 McKibben 伸长驱动器，通过同时驱动收缩和伸长驱动器以产生拮抗作用，从而增加组合机构的刚度。Shiva 等设计了一种通过气动和肌腱的拮抗驱动实现变刚度的软体驱动器，如图 3-7(b)所示。实验结果表明，拮抗驱动结构提高了驱动器的承载能力。而半主动的拮抗作用则由主动的驱动器与被动的弹性或者刚性的约束结构组成。当 McKibben 驱动器的编织角正好为 54.7°时，编织结构不会因膨胀而变形,驱动器刚度增加而不产生任何运动。McKibben 驱动器在该情况下的有限元仿真结果如图 3-7(c)所示。

收缩驱动器

伸长驱动器

(a) 同时驱动McKibben收缩和伸长驱动器以实现变刚度

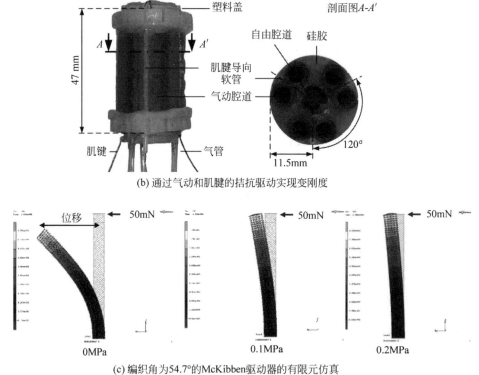

塑料盖

剖面图A-A′

自由腔道　硅胶

肌腱导向
软管

气动腔道

47 mm

肌键　　气管

120°

11.5mm

(b) 通过气动和肌腱的拮抗驱动实现变刚度

位移　　50mN　　　　　　　50mN　　　　　　50mN

0MPa　　　　　　0.1MPa　　　　　　0.2MPa

(c) 编织角为54.7°的McKibben驱动器的有限元仿真

图 3-7　基于拮抗原理的变刚度方法

3.3.2　基于阻塞原理变刚度

基于阻塞原理的变刚度方法主要利用的是颗粒或者片层状物质在外界压力作用下颗粒之间或者片层之间的摩擦力显著增大，引起颗粒或者片层的流动或者柔性状态向固体或者刚性状态的转变。阻塞结构通常由颗粒或者片层填充物、包覆薄膜以及真空源组成，真空源通过抽真空的方式在薄膜表面产生气压差，从而对颗粒或者片层物施加压力改变其刚度。按阻塞结构的不同，基于阻塞原理的变刚度方法可分为基于颗粒阻塞变刚度和基于层阻塞变刚度两大类。

1. 基于颗粒阻塞变刚度

颗粒阻塞（Granular Jamming）现象是指固体颗粒状物质在受限环境中失去流动性而具有刚性体的特征。当颗粒与空气混合在柔性气囊中，可以任意变形；而在负压或是其他方式作用下，颗粒物质受到来自外界环境的压力而相互挤压，达到一种稳定状态，使整体刚度增加。颗粒阻塞是最常见的变刚度方式，具有效果好、易实现，并能在一定范围内任意改变刚度的优点。

基于颗粒阻塞实现变刚度的方法分为主动与被动两种。主动颗粒阻塞变刚度的基本原理如图 3-8(a)所示，利用气泵等将腔内气体抽出，腔内外压差压缩颗粒物质使其达到稳定状态，获得刚度增加，并且可以通过调节气压改变刚度。康奈尔大学的 Brown 等开发的"通用软体抓手"是最早利用颗粒阻塞原理的工作之一，如图 3-8(b)所示。该软体抓手由一个装有咖啡豆的软材料包构成，未抽气时，软体抓手压在目标物体上与其形状保持一致；抽气形成负压后，软体抓手被迅速压缩和硬化，从而夹住物体。Wei 等将软体气动驱动器和颗粒阻塞集成到单个手指的设计中，如图 3-8(c)所示。气动驱动器产生弯曲运动，而颗粒腔在手指和被抓取物体之间提供了一个刚度可变的界面。尽管颗粒阻塞引起了人们对刚度控制的研究兴趣，但主动颗粒阻塞需要额外提供负压装置，这限制了机器人的便携性和可用性。为了解决这一问题，香港大学的 Li 等提出了一种基于被动颗粒阻塞的变刚度方法，如图 3-8(d)所示。当驱动器充气发生弯曲时，颗粒腔随弯曲变形并挤压其中的颗粒物，从而导致颗粒被动阻塞。弯曲越大，驱动器的刚度也越大。被动阻塞方式的优点在于不需要额外的负压装置即可实现软体模块的变刚度功能，但不能随意改变刚度。

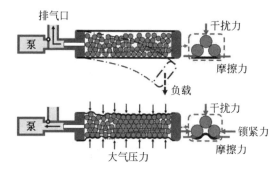

(a) 主动颗粒阻塞变刚度原理图

(b) 基于颗粒阻塞的"通用软体抓手"

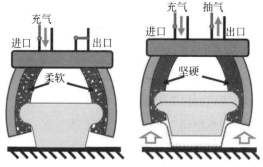

(c) 结合软体驱动和颗粒阻塞的变刚度软体抓手

图 3-8 基于颗粒阻塞的变刚度方法

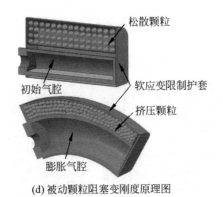

松散颗粒

初始气腔

软应变限制护套

挤压颗粒

膨胀气腔

(d) 被动颗粒阻塞变刚度原理图

图 3-8　（续）

2. 基于层阻塞变刚度

除了颗粒阻塞外，层状结构也会产生阻塞现象，称为层阻塞（Layer Jamming），如图 3-9(a)所示。层阻塞结构由柔性条或片的叠层组成。正常情况下，层阻塞结构是高度柔顺的。但是抽真空后，重叠层间摩擦相互作用的增加显著提高了结构的弯曲刚度。层阻塞结构质量轻，可快速启动，具有出色的刚度、阻尼值范围和分辨率，抗弯能力强。

三星先进技术研究所的 Kim 等利用层阻塞原理设计了一款用于微创手术的蛇形机械臂，如图 3-9(b)所示。当施加真空压力时，层与层之间的重叠表面提供了相当大的摩擦力，从而增加了机械臂的刚度。在使用过程中，该机械臂既能实现灵活的运动（非真空），又具备较大的承载能力（真空）。Wall 等利用颗粒阻塞和层阻塞（鱼鳞状、交错堆叠）方法来增加 PneuFlex 软体驱动器的刚度，如图 3-9(c)所示。实验结果表明，交错堆叠的层阻塞样机性能最好，刚度提高了 8 倍，大约是颗粒阻塞样机的两倍。而鱼鳞状的层阻塞样机性能最差，刚度只提高了 2.2 倍。

3.3.3　基于低熔点合金变刚度

低熔点合金（Low Melting Point Alloy，LMPA），一般是指熔点低于 232℃ 的易熔合金，可以控制其温度变化实现材料相变，从而实现变刚度功能。低熔点合金相变前后的相对刚度变化在 25～9000 倍。在固态时，其杨氏模量为 3～9GPa，这决定了可达到的最大理论刚度。加热时既可以通过外部加热元件对低熔点

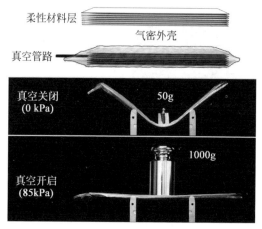

(a) 层阻塞变刚度现象

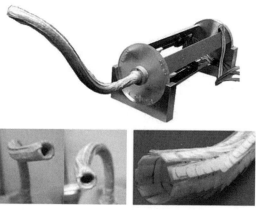

(b) 基于层阻塞的变刚度蛇形机械臂

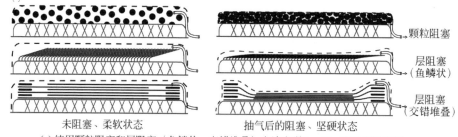

未阻塞、柔软状态　　　　　抽气后的阻塞、坚硬状态

(c) 使用颗粒阻塞和层阻塞（鱼鳞状、交错堆叠）方法实现PneuFlex驱动器变刚度

图 3-9　基于层阻塞的变刚度方法

合金进行加热，也可以直接对低熔点合金进行通电加热。

　　Shan 等使用低熔点合金来调节弹性体复合材料的刚度，如图 3-10(a)所示。该变刚度复合材料具有多层结构，包括弹性体密封层、液态金属加热层和低熔点合金变刚度层。在室温下，液态金属呈固态，复合材料为刚性。液态金属加热层通电加热后,低熔点合金受热熔化,复合材料变为柔性。通电前后,复合材料的有效弹性模量变化了 4 个数量级。Schubert 等用 PDMS 封装低熔点合金(熔点为 47℃)微通道,开发了一种变刚度材料,如图 3-10(b)所示。当低熔点合金从固态加热到液态时,材料的刚度从 40MPa 降低为 1.5MPa,变化了25 倍。将该变刚度材料与介电弹性体驱动器相结合,开发出了新型变刚度驱动器 VSDEA。与没有低熔点合金的驱动器相比,VSDEA 的刚度提高了90 倍。由 VSDEA 组成的质量约 2g 的抓手能够夹持 11g 的物体,如图 3-10(c)所示。北京航空航天大学的郝雨飞等研制了基于软体气动驱动器和低熔点合金的变刚度软体机器人抓手,如图 3-10(d)所示。通过增强刚度,该抓手能够轻松抓起质量为 780g 的物体。

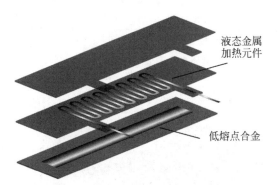

(a) 由弹性体密封层（上）、液态金属加热层（中）和
低熔点合金变刚度层（下）组成的变刚度复合材料

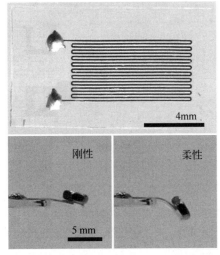

(b) 用PDMS封装低熔点合金微通道制成的变刚度材料

图 3-10　基于低熔点合金的变刚度方法

(c) 由新型变刚度驱动器VSDEA组成的软体抓手

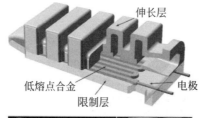

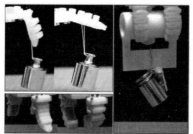

(d) 基于软体气动驱动器和低熔点合金的变刚度软体机器人抓手

图 3-10 （续）

　　基于低熔点合金的变刚度方法的挑战之一是缩短低熔点合金的相变时间。根据尺寸和几何形状的不同，已报道的低熔点合金的熔化时间为 1～30s，而凝固（冷却）时间超过 60s。虽然可以通过增加电输入功率来缩短熔化时间，但凝固时间受到封装弹性体的热导率和器件表面与周围空气之间散热的限制。潜在的解决方案包括使用高热导率的软体材料封装低熔点合金，或集成基于电热效应，或循环水的附加冷却元件。增加暴露面积的表面图案和分形通道设计是进一步缩短冷却时间的方法。

3.3.4　基于电流变液或磁流变液变刚度

电流变液和磁流变液的刚度调节是基于这类流体的黏度和剪切模量随着外加电场或磁场的变化而变化的原理。电流变液由悬浮在介电流体(如油)中的电活性颗粒组成,如图 3-11(a)所示。在电场(通常高达 5kV/mm)作用下,介电流体中的电活性颗粒沿电通量方向形成链状,从而使流体的黏度和剪切模量发生相应的变化。当撤去电场后,电流变液会从高黏度的凝胶态可逆地转变为低黏度的液态,如图 3-11(b)所示。类似地,在磁场作用下,磁流变液中的可磁化颗粒会沿着磁通量方向形成链状,如图 3-12(a)所示。在磁流变液中,油经常被用作流体介质。通常,需要施加高达 500mT 的磁场来获得黏弹性行为。电流变液或磁流变液的响应时间相对较短,不到 10ms。二者的相对刚度变化范围从几倍到几十倍,通常磁流变液比电流变液具有更大的刚度变化。

1. 基于电流变液变刚度

1989 年,电流变液首次用于机器人手指的变刚度。导电弹性皮肤将电流变液封装在铜电极网络上,并覆盖在机器人手指上。在没有施加电场的情况下,电流变液层可作为柔性触觉传感器。当手指触摸物体时,该层会变形,从而引起电容值的改变。当电流变液层与物体紧贴时,可以通过在电极上施加高电压来固化电流变液层,从而与物体互锁,提供很大的提升力。1992 年,Monkman 等将电流变液层与电黏附层集成到机器人抓手中,实现了变刚度和黏附抓取。电流变液的使用进一步扩展到微操作领域。Arai 等研制了一种由手指和含有电流变液的关节组成的微型抓手,其中柔性手指的刚度可以由电流变液关节的电压来控制。Behbahani 等使用电流变液实现了柔性机器鱼鳍的主动变刚度。该变刚度柔性机器鱼鳍由电流变液填充的聚氨酯橡胶组成,并嵌入铜片作为电极,如图 3-11(c)所示。

2. 基于磁流变液变刚度

Majidi 等提出了一种带有微通道的软带设计,其中微通道中充满了磁流变液。该软带在低磁场下表现出可调的弹性刚度,是一种很有前途的变刚度方案,但尚未应用在机器人系统中。磁流变液的可调黏度启发了研究人员将这一特性用于软体抓手的开发,以满足被动适应和精细抓取的需要。其中一个应用

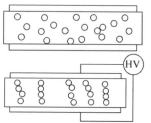

(a) 在高电压作用下，电流变液中的
电活性颗粒沿电通量方向形成链状

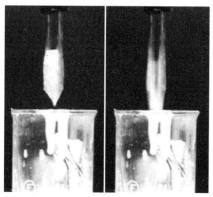

(b) 当施加电场时，电流变液呈凝胶状（左）；
当撤去电场时，电流变液转为液态（右）

(c) 基于电流变液的变刚度柔性机器鱼鳍

图 3-11　基于电流变液的变刚度方法

是在食品工业中，使用磁流变液抓手抓取形状各异的易碎食品。抓手的设计原理图如图 3-12(b)所示。在抓取过程中，磁流变液处于低黏度状态，由于磁流变液可以很容易地围绕形状不规则的精细物体流动，实现了被动适应。一旦施加磁场，充满磁流变液的袋子就会变硬，使抓手能够承受操纵和运输物体的载荷。Nishida 等在磁流变液中加入非磁性颗粒，开发了一种新型的磁流变液，并研制了由电磁铁和装满强化磁流变液的弹性袋组成的通用软体抓手，如图 3-12(c)所示。实验表明，该抓手可以抓取各种形状的非磁性物体，最大夹持力可达 50.67N。

　　电流变液和磁流变液在软体机器人变刚度中的应用有限，其原因可能是流

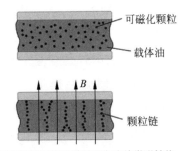

可磁化颗粒

载体油

颗粒链

(a) 无磁场和有磁场时磁流变液的微观结构

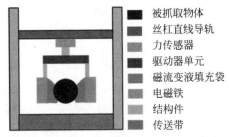

被抓取物体
丝杠直线导轨
力传感器
驱动器单元
磁流变液填充袋
电磁铁
结构件
传送带

(b) 可抓取形状各异的易碎食品的磁流变液抓手设计原理图

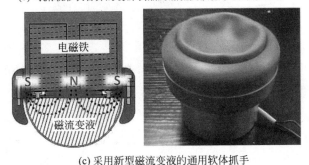

(c) 采用新型磁流变液的通用软体抓手

图 3-12　基于磁流变液的变刚度方法

体固化后的绝对刚度较低。据报道,屈服应力为 250kPa,与封装流体的整个结构的低刚度相一致。施加更高的电场或磁场可以提高绝对刚度。然而,在磁流变液中,更高的磁场需要更高的电流,导致高能耗和高发热。对于电流变液,使用微加工工艺是增加其刚度变化的潜在方法,因为电场强度取决于将流体夹在中间的电极之间的间隙。

3.3.5　基于形状记忆材料变刚度

具有形状记忆效应的材料,如 SMP 和 SMA,可以通过玻璃化转变来改变其刚度。SMP 的弹性模量随温度的变化如图 3-13(a)所示。在 T_g 以下,SMP 为玻璃态,具有较高的弹性模量(0.01～3GPa)。在 T_g 以上,SMP 转变为易变形的高弹态,弹性模量较低(0.1～10MPa)。SMP 在玻璃化转变区的刚度变化很大(100～300 倍),可以利用该区域实现变刚度。类似地,SMA 在通过热能变化从奥氏体转变为马氏体时也表现出弹性模量的变化。SMA 在 T_g 以下时弹性模量为 10～83GPa,在 T_g 以上时弹性模量为 0.1～41GPa,刚度变化为 2～10 倍。相比于 SMA,SMP 通常在软态和硬态下的相对刚度变化更大,弹性模量更低。由于 SMA 的相对刚度变化较小,因此在软体机器人变刚度中的应用很有限。目前,主要是利用 SMA 的形状记忆效应来驱动软体机器人。因此,在本节中将重点介绍 SMP。

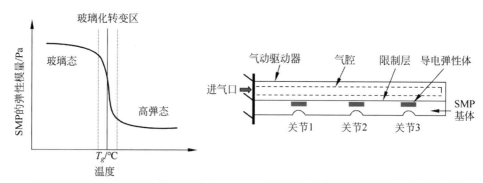

(a) SMP的弹性模量随温度的变化而变化　　　(b) 基于SMP和导电弹性体的变刚度软体手指

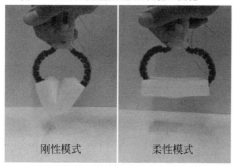

(c) 具有折纸结构的肌腱驱动变刚度手指

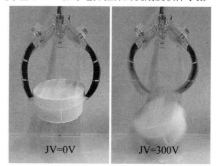

(d) 以导电SMP为电极的变刚度DEA抓手

图 3-13　基于形状记忆聚合物的变刚度方法

Yang 等使用 SMP 开发了变刚度软体手指,用于刚度调节和弯曲形状控制。他们尝试用集成针脚加热器和导电弹性体加热 SMP 材料。使用导电弹性体的主要创新之处在于,导电弹性体不仅可以为 SMP 部件提供焦耳加热,还可以使手指关节具有位置反馈能力。该机器人手指的设计灵感来自人类的食指,结构如图 3-13(b)所示。三个弯曲关节是通过在关节区域将 SMP 加热至 T_g 以上来实现的。当加压空气在气室中流动时,手指会在低刚度关节处弯曲。

Firouzeh 等研制了一款由三个肌腱驱动的具有折纸结构的手指组成的抓手。折纸部分之间的铰链由 SMP 层组成,作为可变刚度的关节。刚度的控制依赖于嵌入 SMP 层中的金属网制成的加热器。变刚度使两种抓取模式成为可能:抓取力较大的刚性模式和轻柔抓取物体的柔性模式,如图 3-13(c)所示。McCoul 等将导电 SMP 作为 DEA 的电极,研制了一款变刚度软体抓手,如图 3-13(d)所示。SMP 电极可以同时提供静电驱动和通过焦耳加热实现变刚度。对 SMP 电极进行焦耳加热,软化后可静电驱动;SMP 电极冷却后的 DEA 为刚性,可提供比传统抓手更大的夹持力。利用变刚度功能,该抓手能够抓起一个重 30g 的物体,相当于自身质量的 30 倍。

基于 SMP 的变刚度方法的潜在挑战是过渡时间,主要是在冷却阶段。与 3.3.3 节中讨论的低熔点合金的情况类似,该方法主要依靠 SMP 零件周围的对流散热,导致工作频率较低(约 0.05Hz)。解决方案可以参考针对低熔点合金讨论过的方法,如使用高导热材料、集成冷却单元和表面图案等。

目前,常用的软体机器人变刚度方法主要包括上述介绍的 5 种方法。

(1) 基于拮抗原理的变刚度方法实现较为简单,且不需要其他额外介质,但变刚度效果较差,可应用于一些人机交互等轻载场合。

(2) 基于阻塞原理的变刚度方法中,主动颗粒阻塞方法可实现软体机器人刚度随负压大小变化的功能,其刚度变化范围广且可调,但需要添加额外的负压装置,不利于小型化和轻量化;被动颗粒阻塞方法通过机构变形被动压缩阻塞介质腔体实现变刚度,其刚度跟随机构的运动而变化,不需要额外的驱动装置,但对机构的运动会造成一定影响,且刚度变化相对较小;层阻塞方法通过负压增大多层片状材料间的摩擦作用,拥有较好的变刚度效果,但是多层片状结构会对软体机器人的柔顺性造成一定影响。

(3) 基于低熔点合金的变刚度方法利用低熔点合金发生固-液相变的方式实现变刚度,其相对刚度变化可达四个数量级。由于采用的是热驱动,如果没有安装复杂的冷却设备,冷却速度会很慢。

(4) 基于电流变液或磁流变液的变刚度方法通过在外界电场或磁场的作用下改变电流变液或磁流变液的黏度来改变刚度,该方法需要额外的电容或者电磁铁等设备来提供电场或磁场,并且随着使用时间的推移,这种变刚度效应会大打折扣。对于电流变液来说,1~5kV 的高驱动电压限制了其在软体机器人中的应用,特别是在与人交互时。

(5) 基于形状记忆材料的变刚度方法中,形状记忆聚合物在受热温度达到玻璃转化温度时刚度会大大减小,但是这种材料导热性较差,响应时间较长;形状记忆合金在受热时发生马氏体相变也会改变刚度,但是这种刚度变化的范围极小。该方法也存在散热较慢的问题。

通过对现有方法进行总结,在软体机器人变刚度方面,没有一种方法明显优于其他方法。随着软体机器人研究的快速发展,相信在不久的将来会出现更多具有创新性的、有前景的变刚度方法。

3.4　软体机器人制造方法

3.4.1　浇筑成型

由于硅橡胶等有机软材料在软体机器人中的广泛使用,各种浇筑成型的方法被应用于软体机器人的制造工艺中。最常见的是重力浇筑,以铂基硅橡胶浇筑为例,其基本步骤如下。

(1) 制作模具,通常采用 3D 打印机打印模具。

(2) 按一定比例均匀混合 A 料和 B 料。

(3) 真空脱泡。

(4) 向模具中倒入硅胶液体。

(5) 等待硅胶固化。

(6) 脱模取出。

对于具有复杂的外形和内腔结构的软体机器人,若采用重力浇筑的制作工艺,则脱模过程十分困难。旋转浇筑使得具有复杂外形和内腔结构的软体机器人的制作成为可能。把硅胶液体注入模具后,模具绕轴旋转,硅胶分布于模腔内壁并逐渐固化,如图 3-14(a)所示。该方法无需型芯即可成型复杂的空腔结构,缺点是壁厚难以精确控制,主要用于成型薄壳状结构。类似的方法还有浸涂成型法,也可以应用于复杂或者微小薄壳结构的制作。该方法的基本步骤是将模具浸入液体聚合物中,取出后迅速加热固化,最后将其从模具上剥离下来,如图 3-14(b)所示。虽然成型后的软体机器人结构可以利用自身柔韧性通过变形进行脱模,但是对于过于复杂的结构,脱模问题仍然是制造工艺中的难点。

为了解决复杂结构的成型问题,软体机器人的制造借鉴了传统铸造方法,

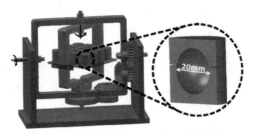

(a) 采用旋转浇筑工艺制作球形驱动器

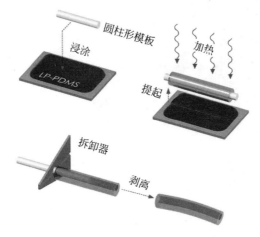

(b) 采用浸涂成型工艺制作弹性微管

图 3-14 旋转浇筑与浸涂成型制造工艺

引入了分体式模具、柔性型芯(如泡沫型芯)等方法,以便脱模。而可溶性和熔性等可去除模具的使用则进一步提高了软体机器人铸模成型的复杂度和便利性。例如,可以使用失蜡法制作具有复杂内部结构的软体机器人。失蜡法先用低熔点石蜡将内部复杂腔道加工出来,然后将蜡芯放入模具中,用硅胶浇筑外层结构,待成型后将蜡芯熔化取出,如图 3-15 所示。该工艺不但可以加工更加复杂的腔道,而且由于是一体成型,提高了机器人的强度。

除此之外,还可以采用分步浇筑工艺制作复杂结构。先将复杂结构分为多个简单结构进行浇筑成型,再通过黏合或浸渍在未固化的材料中密封在一起,如图 3-16 所示。该方法有效降低了模具的设计制作难度,但是分不同批次浇筑或者黏结,以及不同材料之间产生的界面,都会对机器人的耐压强度和使用寿命产生一定影响。

浇筑成型方法适合于软体驱动器甚至软体机器人的一体化成型制造,以提高其紧凑性和集成度。该方法具有成本低、相对简单和快速的优点,但是对于

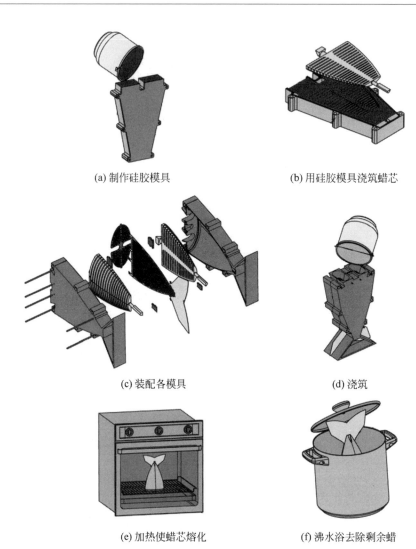

(a) 制作硅胶模具　　　　　　　　(b) 用硅胶模具浇筑蜡芯

(c) 装配各模具　　　　　　　　　(d) 浇筑

(e) 加热使蜡芯熔化　　　　　　　(f) 沸水浴去除剩余蜡

图 3-15　失蜡法制造工艺

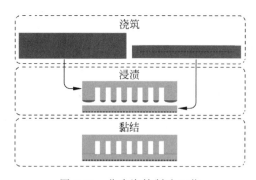

图 3-16　分步浇筑制造工艺

较为复杂的结构,模具的设计、制作、浇筑以及脱模等过程都较为烦琐和复杂。此外,在浇筑成型过程中,还容易产生气泡等缺陷。

3.4.2　形状沉积制造

形状沉积制造(Shape Deposition Manufacturing,SDM)是将材料沉积过程和材料去除过程相结合的快速成型技术。许多复杂成型件的新型结构不能单独用材料沉积过程或材料去除过程制造出来,却可以用 SDM 工艺来制造。SDM 工艺的步骤如图 3-17 所示,即在支撑材料上沉积零件—机加工去除零件的多余部分—沉积新的材料层—对新沉积层进行微加工—将电子元器件嵌入零件内—沉积材料将元器件封装—机加工去除零件的多余部分—去除支撑。该工艺可以将刚性和柔性材料组合到一起,并将传感器、电路等嵌入本体中,适用于制造驱动传感一体化的高度集成机构。

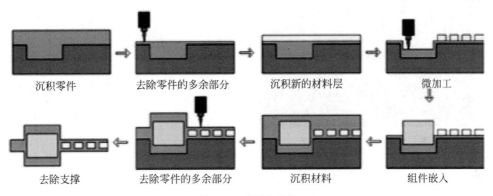

| 沉积零件 | 去除零件的多余部分 | 沉积新的材料层 | 微加工 |
| 去除支撑 | 去除零件的多余部分 | 沉积材料 | 组件嵌入 |

图 3-17　SDM 工艺

Merz R 等在 1994 年首次提出了 SDM 的工艺流程。2002 年,斯坦福大学的 Jorge G. Cham 等采用 SDM 工艺制造了一款仿生六足机器人 Sprawlita,如图 3-18(a)所示,这是 SDM 工艺在机器人制造中的首次应用。2007 年,Park 等采用 SDM 工艺制造了一款力传感机器人手指,其中多个光纤布拉格光栅传感器嵌入聚氨酯结构中,如图 3-18(b)所示。2007 年,Kim 等研制了一款仿生爬壁机器人 Stickybot,如图 3-18(c)所示。该机器人的躯干和四肢通过 SDM 工艺制造,使用了两种不同硬度的聚氨酯材料。2014 年,Gafford 等采用 SDM 工艺制造了一款用于微创手术的柔性多关节手指,可进行无损伤抓取,其中嵌入的压力传感器和 LED 可以提供主动抓取力反馈,如图 3-18(d)所示。

SDM 工艺常用软材料作为支撑材料,用硬聚氨酯作为牺牲材料来制造软

(a) 仿生六足机器人Sprawlita

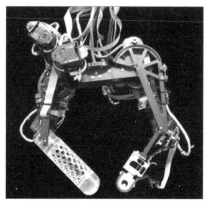
(b) 用于微创手术的柔性多关节手指

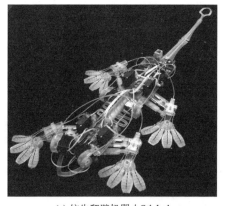
(c) 仿生爬壁机器人Stickybot

(d) 力传感机器人手指

图 3-18　SDM 工艺制造的软体机器人

体机器人。SDM 工艺可将传感器与驱动器包裹在软材料内部,避免外界对机器部件的破坏,因此制造出的机器人可在恶劣环境中持续工作。该工艺同时也存在一些缺点,比如由于使用软材料作为支撑材料,很难加工出理想的光滑轮廓表面。此外,SDM 是一种相对复杂的制造工艺,成本较高,沉积过程对加工环境有较高的要求。

3.4.3　3D 打印

与传统制造方法相比,3D 打印是一种先进的制造技术,通过连续添加材料以数字方式创建物理 3D 对象。自 20 世纪 80 年代第一个立体光刻制造系统出现以来,经过多年的发展,3D 打印已被广泛应用于各个领域。与前述的 2D 或 2.5D 制造方法相比,3D 打印可以直接制造出具有非常复杂的几何形状的软体机器人。早期的 3D 打印技术仅限于刚性材料,通常用于制造软体机器人的刚性模具。然后,将商业橡胶倒入这些打印的刚性模具中,让其固化成型。这种通过使用 3D 打印的刚性模具浇筑软体机器人的制造方法因为具有成本低、工艺简单和制造相对快速的优点,是迄今为止最常用的软体机器人制造方法之一。在过去的几年里,3D 打印越来越多地成为一种直接用于制造具有复杂结构的软体机器人的技术。到目前为止,不同种类的 3D 打印技术已经被用于构建具有不同结构和材料的软体机器人,包括熔融沉积成型(FDM)、直接墨水书写(DIW)、选择性激光烧结(SLS)、直接喷墨打印和立体光刻(SLA),如图 3-19 所示。

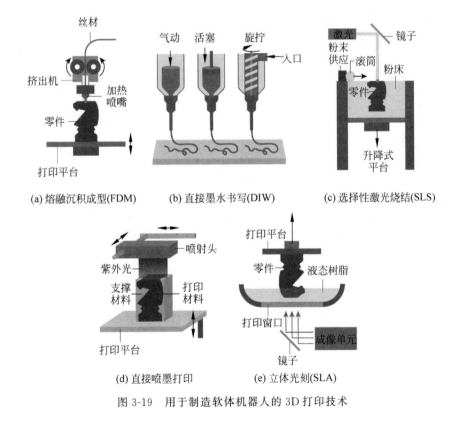

(a) 熔融沉积成型(FDM)　　　(b) 直接墨水书写(DIW)　　　(c) 选择性激光烧结(SLS)

(d) 直接喷墨打印　　　　(e) 立体光刻(SLA)

图 3-19　用于制造软体机器人的 3D 打印技术

1. 熔融沉积成型

熔融沉积成型(Fused Deposition Modelling,FDM)是一种流行且价格低廉的 3D 打印技术,有许多商用台式打印机可供选择。在打印过程中,加热的挤压喷嘴熔化细丝,并将熔化的材料沉积到表面上,冷却后固化成型,如图 3-19(a)所示。随着不同可用丝材(如热塑性弹性体丝材)的出现,FDM 方法已被广泛应用于制造具有复杂结构的软体机器人。例如，Yap 等通过商用 FDM 打印机打印 NinjaFlex 系列热塑性聚氨酯来制造波纹管型软体驱动器。Sadeghi 等将 FDM 打印机集成到仿植物根部机器人的顶端，通过熔融和沉积聚乳酸丝材实现自生长。总体而言，FDM 技术具有易操作、易维护和耗材丰富等优点。然而，由于 FDM 的分辨率受到喷嘴直径的限制，在打印过程中可能会产生不均匀、空隙等缺陷。因此，打印的软体机器人的壁厚至少应是喷嘴尺寸的三倍。此外，在重力作用下，由于由软材料制成的部件在打印过程中容易变形，因此该制造方法需要支撑材料。FDM 的另一个限制是材料兼容性，即由于打印过程中的加热和冷却环节，仅限热塑性聚合物可用于该技术，如热塑性聚氨酯（TPU）、聚乳酸（PLA）、丙烯腈-丁二烯-苯乙烯共聚物（ABS）等。

2. 直接墨水书写

直接墨水书写（Direct Ink Writing，DIW）也可用于 3D 打印软体机器人，其中，液相"墨水"在受控的流速下从喷嘴中喷出，沿着预设路径沉积，以逐层制造 3D 结构，如图 3-19(b) 所示。该技术的概念与 FDM 非常接近，不同之处在于 DIW 过程依赖于原料的流变行为来保持打印零件的形状。DIW 被广泛用于打印水凝胶和硅胶，并且已经使用该技术制造了几种软体驱动器。例如，Robinson 等报道了采用 DIW 技术制造的与高度可拉伸传感皮肤集成的软体驱动器。Cheng 等采用 DIW 技术打印水凝胶制造了三种不同的仿生软体机器人。一般来说，DIW 是一种简单、灵活、廉价的方法，适用于多种材料，包括陶瓷、金属合金、聚合物，甚至可食用材料等。然而，DIW 的局限性在于它无法打印高密度的物体，从而限制了 DIW 的应用。

3. 选择性激光烧结

选择性激光烧结（Selective Laser Sintering，SLS）利用固体粉末颗粒制造物体，制造软体机器人时通常采用热塑性材料粉末。激光在粉床上进行光栅扫描，使粉末颗粒熔化。一旦激光照射停止，材料就会冷却并融合在一起。然后，沿着粉床均匀沉积下一层粉末颗粒，并重复上述过程，直到完全制造出所需的三维物体。在打印过程中，粉床中未熔化的粉末颗粒起到了支撑材料的作用，如图 3-19(c) 所示。Rost 等将强化学习和 SLS 相结合，制造了一种多指软体手，能够执行抓取、举起和旋转任务。Scharff 等使用单材料 SLS 将多个软体驱动器、传感器和结构组件集成到软体机器人手中。SLS 技术不需要额外的支撑材料,用该方法制造的软体机器人通常具有较高的强度。但是 SLS 制造的物体表面比较粗糙,往往需要复杂的后处理过程。

4. 直接喷墨打印

直接喷墨打印(Direct Inkjet Printing)是一种将液体或熔融材料在固化前喷射到基材上的快速工艺,如图 3-19(d)所示。喷射头由许多线性排列的喷嘴组成,将光敏聚合物材料的液滴选择性地喷射出来。液滴经紫外光照射后快速交联固化,不断重复上述步骤,直到完成物体的制造。尽管有不少商业化材料可用于喷墨打印,但仍然缺乏适用于打印软体机器人的喷墨材料。到目前为止,主要用于打印软体机器人的喷墨材料是 Stratasys 公司的柔性聚氨酯-丙烯酸酯 Tango 系列材料($E \approx 0.7$MPa)。与 DIW 相比,制备适合喷墨打印的材料较为困难,打印头由于结构复杂其成本也十分高昂。此外,在液滴形成和沉积的过程中需要对加工条件和墨液的性质进行精细控制,以平衡黏性力、惯性力和表面张力。

5. 立体光刻

立体光刻(Stereolithography,SLA)利用计算机控制的移动激光束以逐层的方式从与激光接触时硬化的液体聚合物中建立所需的结构,如图 3-19(e)所示。在合成过程中,高密度介质提供的浮力使该技术可以打印具有薄壁结构或悬垂结构的物体。Peele 等采用数字掩模投影立体光刻技术制造了具有复杂内部结构的多自由度软体气动驱动器。Patel 等采用数字光处理技术(一种 SLA 技术)制造了一种可产生较大弯曲变形的软体气动驱动器。通常,该技术可以保持高分辨率和快速并行制造多个零件。此外,使用全息图案化可一步构建整个物体,减少了大规模制造的成本和时间。因此,SLA 提供了一种高效且经济的技术来构建具有微尺度特征和复杂几何形状的软体机器人。

最佳制造策略可能包括不同制造技术的组合;然而目前可用的 3D 打印技术在分辨率、速度、材料兼容性等方面仍然面临各种限制。基于固体熔化的打印技术,如 SLS 和 FDM,仅限于使用热塑性材料,这不太可能满足高弹性功能部件对先进材料的需求。相比之下,基于液体墨水的技术允许对材料进行化学改性。例如,在 DIW 中,唯一的限制是材料必须在流经喷嘴后固化。此外,

DIW 可以用于多材料打印。然而,速度和分辨率(喷嘴尺寸)之间的权衡阻碍了 DIW 用于大规模制造。喷墨打印可以实现快速的多材料打印,但目前还没有超过 200% 应变的弹性体可用,而且喷射的要求(如低黏度)使加入功能性填料变得困难。此外,必须精细调整工艺参数以实现均匀和可控的沉积。

习题

1. 谈谈软体机器人材料的选型有什么特点,需要考虑材料的哪些特性?

2. 除了 3.1 节中提到的几种软体材料,还有哪些软体材料有可能应用到软体机器人中,为什么?

3. 分析和比较 3.3 节中介绍的几种软体机器人变刚度方法的优缺点,并说明每种方法适用的应用场景。

4. 对于图 3-15 所示中具有复杂内腔的软体机器人,是否适用于旋转浇筑的成型工艺,为什么?

5. 请结合本章内容设计一款可以用于拧灯泡的软体机械手,完成材料选型、结构设计并给出制造工艺。

第 4 章　软体机器人的建模与控制

传统操作臂型机器人首先采用了刚体假设,根据多刚体力学理论,选择与机器人自由度数量相等的广义坐标$\{q_i\}$,建立二阶微分方程形式的动力学方程;然后依据控制规律分解方法设计操作臂控制器,设置满足临界稳定条件的伺服控制参数,使操作臂能够精确跟随轨迹指令,并抑制外部干扰(如环境振动、物体碰撞等)。然而,软体机器人通常由非线性弹性体材料构成,具有弯曲、扭转、拉伸、挤压、坍缩等无数个自由度,难以采用有限个广义坐标精确描述机器人的空间运动与驱动力的关系。因此,软体机器人的建模存在诸多挑战。此外,软体机器人特殊的材料和结构使其难以集成高精度传感器,从而难以实施闭环控制。上述因素极大地增加了软体机器人控制的难度。

4.1　运动学建模

软体机器人的运动学不同于传统刚性机器人。软体驱动器的运动模式和驱动方式决定了软体机器人展现出连续变形的运动。因此,研究人员开展了连续体运动学建模研究,以期能够定量描述软体机器人弯曲等柔顺性质。

连续体运动学模型通过构型空间将任务空间和驱动空间联系起来,是连续体机器人控制策略和路径规划的基础。传统机械臂运动学模型的一般形式为

$$x = f(q) \tag{4.1}$$

式中,x 是末端执行器在机器人的任务空间中的位姿,通常用笛卡儿坐标表示;q 是与关节变量(其通常是可观察并且可直接控制的变量)相关的构型变量集合;f 是将任务空间变量 x 与机器人构型变量 q 相关联的未知函数。然而对于软体连续体机器人,f 既取决于构型变量,也取决于可变形材料的力学特性。因此对于连续体机械臂可以将式(4.1)改写为

$$x = f(q, \vartheta) \tag{4.2}$$

式中,ϑ 表示软体材料的力学参数。运动学建模的目的在于找出这种映射关系,为了完成建模而使用的假设则决定了建模方法的类型或风格。

软体机器人运动学建模的主流方法的分类如图 4-1 所示。一般而言,软体机器人的运动学建模方法大致可以分为定量模型、定性模型和混合模型。其中,定量模型利用几何模型和力学模型对机器人进行数学描述;定性模型是对较复杂模型的数值抽象,通常利用实验数据来寻找运动学问题的最接近解;混合模型则是定量模型和定性模型的综合运用。

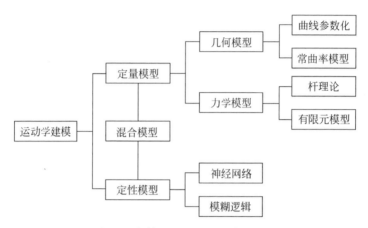

图 4-1　软体机器人运动学建模方法

1. 定量模型

目前文献中的定量模型可以分为两种不同的方法:一种是采用几何参数描述连续体机器人主干曲线的方法,称为几何模型;另一种是使用力学理论来描述连续体机器人在外部载荷作用下变形的方法,称为力学模型。4.1.1 节和4.1.2 节将分别对这两种方法进行详细介绍。

2. 定性模型

由于连续体机器人建模的复杂性,利用学习算法学习运动学问题的定性方法因其能够绕过建模任务而广受欢迎。这些方法基于从实验中获得的输入和输出数据的先验知识,可以对运动学模型进行准确、快速的逼近。

神经网络方法已被用于学习连续体机器人的运动学模型。Giorelli 等使用前馈神经网络学习肌腱驱动的机械臂的逆运动学,其中,机械臂的几何模型用于数据生成。之后,采用基于静态模型雅可比控制器来控制变曲率机械臂。Melingui等使用神经网络来求解基于末端执行器位置测量的逆运动学。之后,实现了一种自适应算法,通过允许末端执行器的快速位置收敛来提高控制器的性能。

Qi 等利用隶属度函数结合线性化的状态空间模型,建立了连续体机械臂的模糊模型。然后利用该模型设计了模糊控制器,并对其进行了稳定性分析。

虽然定性模型在实际应用中取得了很大的成功,但随着机器人运行条件的变化,学习基础也会发生变化,这使得数据驱动模型的应用受到了限制。这就是定量模型仍然在文献中占据主导地位的主要原因。

3. 混合模型

Lakhal 等融合了定量模型和定性模型来解决紧凑型仿生操作助手(Compact Bionic Handling Assistant,CBHA)的运动学问题。首先将机器人简化为一系列具有柔性关节的离散连杆,采用定量方法建立机器人运动学模型。针对逆运动学求解的困难,采用基于神经网络的定性方法给出了逆运动学的近似解。Runge 等结合有限元方法、分段常曲率法和机器学习开发了一种通用的软体机器人运动学建模方法。

4.1.1　几何模型

第一类定量模型为几何模型。这些方法利用机械臂的几何形状,特别是机器人在驱动力作用下呈现的曲率来计算运动学关系;但是,在模型中并没有考虑外力。

曲线参数化(Curve Parametrization)方法是最早的连续体机器人运动学建模方法。该方法首先描述所需的空间曲线,然后将机器人样机尽可能地拟合到这些理论曲线上。例如,回旋曲线是基于对生物蛇的仔细观察而提出的,对于模仿生物蛇的运动特别有用。Chirikjia 等扩展了将机械臂拟合为可解析的理想数学曲线的基本方法,将曲线定义为贝塞尔函数与正弦和余弦的乘积,从而使模态方法能够实现逆运动求解。

分段常曲率(Piecewise Constant Curvature,PCC)模型是最常用的软体机器人运动学模型之一。该模型假设软体机器人在变形时可等效为有限段圆弧,其曲率在空间上恒定,但在时间上可变。这种近似极大地简化了运动学模型。该模型通过等效曲线的曲率、长度、偏转方向等圆弧参数描述机器人在三维空间下的位姿,建立了构型空间与任务空间的联系。而机器人驱动空间与构型空间的映射则因机器人特定的形态特征、形变特性和驱动方式而异。PCC 模型为各种气动、线驱动、同心活动套管等结构的连续体和软体机器人运动学模型的建立提供了理论依据。

　　分段常曲率模型的优点是可以将运动学分解为两个映射,如图 4-2 所示。一个是从驱动空间到描述常曲率弧的构型空间,另一个是从构型空间到任务空间。驱动空间的变量包括线缆、柔性推杆或气管的长度。定义机器人构型空间的圆弧参数由曲率($\kappa(q)$)、包含圆弧的平面的角度($\phi(q)$)和弧长($l(q)$,有时为 $s \in [0 \quad l]$)等三个参数组成,如图 4-3(b)所示。或者,利用公式 $\theta = \kappa s$ 实现基于圆心角 θ 的参数化。

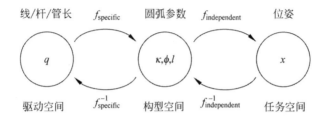

图 4-2　定义常曲率机器人运动学的三个空间及其映射关系

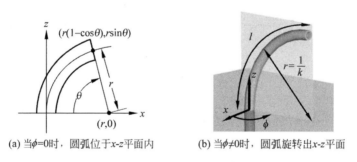

(a) 当ϕ=0时,圆弧位于x-z平面内　　　　(b) 当$\phi \neq$0时,圆弧旋转出x-z平面

图 4-3　定义机器人构形空间的圆弧参数示意图

　　从驱动空间到构型空间的映射 f_{specific} 是特定于机器人的,因为每个独特的机器人设计中的驱动器以不同的方式影响圆弧参数。特别地,考虑由驱动器施加的力和力矩,并结合适当的近似,可以得到从驱动变量(压力、长度等)到构型空间中的由圆弧参数描述的圆形截面的映射。但是,从圆弧参数到沿主干的位姿 x 的精确映射 $f_{\text{independent}}$ 是与机器人无关的,因为它适用于所有可以近似为分段常曲率圆弧的系统。这是一个从圆弧参数转换为任务空间的空间曲线的纯运动学映射。

1. 与机器人无关的映射

分段常曲率模型中与机器人无关的映射的推导可以用各种方法来完成，包括通过弧几何、Denavit-Hartenburg（D-H）参数、Frenet-Serret（F-S）坐标系以及可以解释零曲率的类似积分公式（曲率等于零时 F-S 坐标系无定义）和指数坐标。虽然推导可能由于所采用的坐标系、形式和符号的多样性而乍看起来有所不同，但当假设为分段常曲率时，它们最终会得到相同的结果。下面采用弧几何方法进行公式推导。

连续体机器人的几何学提供了一种确定其上各点位姿的方法。在图 4-3(a)中，当 $\phi=0$ 时，x-z 平面内圆心坐标为 $[r \quad 0 \quad 0]^{\mathrm{T}}$，半径为 r 的圆弧上一点的坐标为 $p=[r(1-\cos\theta) \quad 0 \quad r\sin\theta]^{\mathrm{T}}$。

注意：

(1) 该运动包括绕 $+y$ 轴的旋转 $R_y(\theta)$，其中，$R_y(\theta)\in\mathrm{SO}(3)$ 表示绕 y 轴旋转角度 θ。将整个圆弧绕 $+z$ 轴旋转 ϕ 并将机器人移出 x-z 平面，产生从圆弧底部到顶部的变换。

$$T=\underbrace{\begin{bmatrix} R_z(\phi) & 0 \\ 0 & 1 \end{bmatrix}}_{\text{Rotation}}\underbrace{\begin{bmatrix} R_y(\theta) & p \\ 0 & 1 \end{bmatrix}}_{\text{Inplane transformation}} \tag{4.3}$$

(2) $\kappa=1/r$ 和 $\theta=\kappa s$（其中，$s\in[0 \quad l]$），则 T 可以用圆弧参数 (κ,ϕ,l) 写成如下形式。这里，为了强调该变换可以写在沿从 0 到 l 的弧线上的任何点 s 处，使用符号 s 并写道：

$$f_{\text{independent}}=T=\begin{bmatrix} \cos\phi\cos\kappa s & -\sin\phi & \cos\phi\sin\kappa s & \dfrac{\cos\phi(1-\cos\kappa s)}{\kappa} \\ \sin\phi\cos\kappa s & \cos\phi & \sin\phi\sin\kappa s & \dfrac{\sin\phi(1-\cos\kappa s)}{\kappa} \\ -\sin\kappa s & 0 & \cos\kappa s & \dfrac{\sin\kappa s}{\kappa} \\ 0 & 0 & 0 & 1 \end{bmatrix} \tag{4.4}$$

在式(4.3)和式(4.4)中，顶部坐标系已对齐，以便 x 轴指向圆的中心。在某些应用中，例如，当抓持器固连到圆弧的顶部时，可能需要调整顶部坐标系的方向，使其在沿弧线"滑动"至底部时无需绕局部 z 轴旋转就能与底部坐标系对齐(即使用 Bishop 坐标系)。这可以通过将 T 右乘一个旋转为 $R_z(-\phi)$ 平移为 0 的齐次变换矩阵得到,从而产生式(4.5)中给出的替代 $f_{\text{independent}}$:

$$
T_w = \begin{bmatrix}
\cos^2\phi(\cos\kappa s - 1) + 1 & \sin\phi\cos\phi(\cos\kappa s - 1) & \cos\phi\sin\kappa s & \dfrac{\cos\phi(1 - \cos\kappa s)}{\kappa} \\[3mm]
\sin\phi\cos\phi(\cos\kappa s - 1) & \cos^2\phi(1 - \cos\kappa s) + \cos\kappa s & \sin\phi\sin\kappa s & \dfrac{\sin\phi(1 - \cos\kappa s)}{\kappa} \\[3mm]
-\cos\phi\sin\kappa s & -\sin\phi\sin\kappa s & \cos\kappa s & \dfrac{\sin\kappa s}{\kappa} \\[3mm]
0 & 0 & 0 & 1
\end{bmatrix}
$$

$$(4.5)$$

2. 特定于机器人的圆弧参数映射

与机器人无关的映射 $f_{\text{independent}}$ 源于纯运动学问题的解决,即将在构型空间 (κ,ϕ,l) 中描述的分段常曲率圆弧映射到任务空间的位姿 x(可表示为齐次变换矩阵),如图 4-2 所示。相反,特定于机器人的映射 f_{specific} 从驱动或关节空间(如肌腱长度、气腔压力等)映射到构型空间 (κ,ϕ,l)。这种映射通常是由驱动器施加并通过连续体机器人的结构传递的力和力矩来实现的。有时在分析中会引入简化,最常见的简化是假设给机器人施加的力矩是恒定的,根据 Euler-Bernoulli 梁力学可假定机器人为圆弧。

由于驱动器定义圆弧参数的方式通常取决于机器人的驱动策略,因此研究该映射需要对驱动器-支撑结构的相互作用进行建模。下面以由连续弯曲驱动器组成的机器人为例进行说明。

一种常见的连续体机器人结构是由连续弯曲的驱动器组成,如柔性杆或气管。因此,下面给出单段、三驱动器连续体机器人的圆弧参数 $(l(q),\kappa(q),\phi(q))$ 表达式,作为描述三个气腔或三个柔性杆长度的关节变量 $q = \begin{bmatrix} l_1 & l_2 & l_3 \end{bmatrix}^{\text{T}}$ 的函数 f_{specific}:

$$
l(q) = \frac{l_1 + l_2 + l_3}{3} \tag{4.6}
$$

$$
\phi(q) = \arctan\left(\frac{\sqrt{3}\,(l_2 + l_3 - 2l_1)}{3(l_2 - l_3)} \right) \tag{4.7}
$$

$$
\kappa(q) = \frac{2\sqrt{l_1^2 + l_2^2 + l_3^2 - l_1 l_2 - l_1 l_3 - l_2 l_3}}{d(l_1 + l_2 + l_3)} \tag{4.8}
$$

式(4.6)~式(4.8)给出了从驱动器到圆弧参数的特定于机器人的映射
f_{specific}。然后,通过式(4.4)或式(4.5)中给出的结果,可以获得单段机器人的形
状。该框架也适用于多段机器人;每段都可以单独考虑,并将产生一组圆弧
参数。

4.1.2　力学模型

第二种定量模型为力学模型。与几何模型相比,力学模型通过在外部载荷
(如重力)和内力之间建立静力平衡,基于软体材料的本构关系(即应力张量与
应变张量的关系)来描述软体机器人的变形。

Cosserat 杆理论已成为连续体机械臂运动学研究的重要理论。在
Cosserat 杆理论中,用齐次变换矩阵 $g(s)$ 来描述以 $s \in \begin{bmatrix} 0 & l \end{bmatrix}$ 为参数的杆的运
动。$g(s)$ 沿 s 的演化定义为

$$\dot{R}(s) = R(s)\hat{u}(s), \quad \dot{p}(s) = R(s)v(s) \tag{4.9}$$

式中,点号(·)表示对 s 的导数;R 和 p 是 g 在 s 处的旋转矩阵和位置向量;
$v(s)$ 和 $u(s)$ 分别表示 $g(s)$ 的线性变化率和角变化率;^运算符用于将角速度
矢量转换为对应的反对称矩阵,如式(4.10)所示。

$$\hat{u} = \begin{pmatrix} 0 & -u_z & u_y \\ u_z & 0 & -u_x \\ -u_y & u_x & 0 \end{pmatrix} \tag{4.10}$$

给定杆 g 未变形的参考构型为 $g^*(s)$,参考运动学变量 v^* 和 u^* 可通过
式(4.11)获得。

$$\begin{bmatrix} v^* & u^* \end{bmatrix}^{\text{T}} = ((g^*(s))^{-1}\dot{g}^*(s))^{\vee} \tag{4.11}$$

式中,运算符 $\vee$ 表示 ^的逆运算。内力和力矩矢量(在全局坐标中)用 n 和 m 表
示,单位 s 的作用力分布是 f,单位 s 的作用力矩分布是 l。Cosserat 杆的平衡
微分方程的经典形式为

$$\dot{n}(s) + f(s) = 0 \tag{4.12}$$

$$\dot{m}(s) + \dot{p}(s) \times n(s) + l(s) = 0 \tag{4.13}$$

利用杆的本构定律将运动学变量映射到内力和力矩:

$$n(s) = R(s)K_{\text{se}}(s)[v(s) - v^*(s)] \tag{4.14}$$

$$m(s) = R(s)K_{\text{bt}}(s)[u(s) - u^*(s)] \tag{4.15}$$

式中, K_{se} 是剪切和拉伸的刚度矩阵, K_{bt} 是弯曲和扭转的刚度矩阵。假设刚度矩阵不随 s 发生变化,则可以推导出提供 $\dot{p}(s)$、$\dot{R}(s)$、$\dot{v}(s)$ 和 $\dot{u}(s)$ 值的一整套显式方程。该方法不仅适用于线性本构关系,也适用于非线性本构关系。

1994 年 Davis 和 Hirschorn 在肌腱控制的柔性机器人连杆的建模工作中引入了这种方法,2008 年 Trivedi 等则首次将该方法应用在软体机械臂领域。

各种形式的杆理论被用于软体机器人的运动学建模。例如,Cosserat 杆的特例之一——Kirchhoff 杆,已被用于推导同心管机器人的模型。Kirchhoff 杆理论假设杆不可伸长并忽略横向剪切应变,该假设能较好地解释同心管这类细长杆。Yang 等使用考虑剪切变形和梁扭曲的 Timoshenko 梁理论,将驱动载荷映射到连续体机械臂的姿态。Euler-Bernoulli 梁理论是 Timoshenko 梁理论的特例,其只考虑横向外载荷,可以用来简化同心管的力学计算。

虽然上述弹性模型可以快速计算,但它们的参数化和实现非常复杂。此外,连续介质力学对象的封闭解存在的条件苛刻,往往只能得到偏微分方程的数值解。

尽管杆理论建立的运动学模型很精确,但目前只适用于几何形状简单的软体机器人,不适合捕捉与形态学相关的运动。还有另一种方法可以精确地表示不规则模型的几何形状及其非线性变形:有限元模型。

有限元分析是基于将复杂问题划分为有限个小单元的网格生成。每个单元与其相邻节点相互作用,对其施加位移和力。随着单元数量的增加,有限元模型趋于精确解,但这也增加了计算成本,阻碍了实时应用。因此,通常应在计算时间和求解精度之间找到一个平衡点。

与其他建模方法相比,有限元方法(Finite Element Method,FEM)的优点在于从通过实验测量得到的材料的本构关系出发来计算弹性矩阵。该矩阵通过一个复杂的过程,辅以基于模型约束的迭代方法,将驱动器的位置与末端执行器联系起来。此外,FEM 在仿真与环境接触的方法中脱颖而出,使得研究软体机器人顺应性成为可能。

如今,出现了融合各种技术的新方法,如将 PCC 和 FEM 相结合。其他则将有限元结合在一个具有弹簧网络、摩擦接触和连接约束的多物理系统中。用于有限元仿真的不同软件工具也相继被开发出来。值得一提的是,SOFA 软件和 Soft Robotics 插件是使用 FEM 进行软体机器人建模的最受欢迎的应用程序。

4.2　动力学建模

本节讨论软体机器人的动力学建模。4.1 节的运动学方程描述了软体机器人的运动,但不考虑产生运动的力和力矩,而动力学方程则明确地描述了力和运动之间的关系。在软体机器人设计、运动仿真以及控制算法设计中,均需要考虑动力学方程。精确的动力学模型能明显增加软体机器人在重力和负载力下运动的可控性。因为运动学模型难以达到高精度,这也加大了动力学模型的不确定性。目前,软体机器人的动力学建模依然具有较大挑战性。

机器人动力学研究的是作用在机器人机构上的力与产生的运动之间的关系。传统机器人为多刚体系统,在这种情况下,机器人动力学是刚体动力学在机器人上的应用。机器人动力学的两个主要问题如下。

(1) 逆动力学,即给定机器人轨迹(位置、速度和加速度),求关节驱动力。逆动力学主要用于机器人控制。

(2) 正动力学,即给定关节驱动力,求机器人轨迹(位置、速度和加速度)。正动力学主要用于模拟仿真。

本节将首先介绍欧拉-拉格朗日方程(Euler-Lagrange Equation),该方程适用于完整约束(Holonomic Constraint)的机械系统。在目前关于软体机器人动力学建模的研究中,推导得到的动力学模型常常会转化为欧拉-拉格朗日方程的形式。在此基础上,具有代表性的软体机器人动力学建模方法包括集中参数模型、"虚拟"刚性连杆机器人模型、Cosserat 杆模型和机器学习方法。

4.2.1　欧拉-拉格朗日方程

n-连杆刚性机器人的动力学方程可以用欧拉-拉格朗日方程和牛顿-欧拉方法(Newton-Euler Formulation)两种方法来构造。前者常用于复杂动力学系统的分析。后者是动力学方程的一种递推公式,通常用于计算机数值计算,限于篇幅,本节不具体介绍。下面给出欧拉-拉格朗日方程的基本内容。

基于达朗贝尔定理和虚功原理,可以推导得到欧拉-拉格朗日方程,方程形式如下:

$$\frac{\mathrm{d}}{\mathrm{d}t}\frac{\partial \mathcal{L}}{\partial \dot{q}_k} - \frac{\partial \mathcal{L}}{\partial q_k} = \tau_k; \quad k = 1,2,\cdots,n \tag{4.16}$$

式中，n 是自由度的数目；$\mathcal{L} = \mathcal{K} - \mathcal{P}$ 是拉格朗日函数（即动能和势能之差，它是广义坐标 $(q_1, q_2, \cdots, q_n)$ 的函数）；τ_k 是作用在系统上的广义力矢量。

动能 $\mathcal{K}$ 由下式给出（未考虑驱动件的动能）：

$$\mathcal{K} = \frac{1}{2} \dot{q}^\mathrm{T} \Big[\sum_{i=1}^{n} \{ m_i J_{v_i}(q)^\mathrm{T} J_{v_i}(q) + J_{\omega_i}(q)^\mathrm{T} R_i(q) I_i R_i(q)^\mathrm{T} J_{\omega_i}(q) \} \Big] \dot{q}$$

$$= \frac{1}{2} \dot{q}^\mathrm{T} D(q) \dot{q} \tag{4.17}$$

式中，

$$D(q) = \Big[\sum_{i=1}^{n} \{ m_i J_{v_i}(q)^\mathrm{T} J_{v_i}(q) + J_{\omega_i}(q)^\mathrm{T} R_i(q) I_i R_i(q)^\mathrm{T} J_{\omega_i}(q) \} \Big]$$

$$\tag{4.18}$$

是机械臂的 $n \times n$ 惯性矩阵。上述表达式中的矩阵 I_i 是第 i 个连杆的惯性张量。在连杆自身坐标系中，惯性张量表达式为

$$I = \begin{bmatrix} I_{xx} & I_{xy} & I_{xz} \\ I_{yx} & I_{yy} & I_{yz} \\ I_{zx} & I_{zy} & I_{zz} \end{bmatrix} \tag{4.19}$$

式中，

$$I_{xx} = \iiint (y^2 + z^2) \rho(x, y, z) \, \mathrm{d}x \, \mathrm{d}y \, \mathrm{d}z$$

$$I_{yy} = \iiint (x^2 + z^2) \rho(x, y, z) \, \mathrm{d}x \, \mathrm{d}y \, \mathrm{d}z$$

$$I_{zz} = \iiint (x^2 + y^2) \rho(x, y, z) \, \mathrm{d}x \, \mathrm{d}y \, \mathrm{d}z$$

以及

$$I_{xy} = I_{yx} = -\iiint xy \rho(x, y, z) \, \mathrm{d}x \, \mathrm{d}y \, \mathrm{d}z$$

$$I_{xz} = I_{zx} = -\iiint xz \rho(x, y, z) \, \mathrm{d}x \, \mathrm{d}y \, \mathrm{d}z$$

$$I_{yz} = I_{zy} = -\iiint yz \rho(x, y, z) \, \mathrm{d}x \, \mathrm{d}y \, \mathrm{d}z$$

分别为主惯量矩和惯量积，其中积分运算是对该连杆所占据的空间区域进行的。

第 i 个连杆的势能表达式为

$$P_i = m_i g^\mathrm{T} r_{ci} \tag{4.20}$$

式中，g 是表达在惯性坐标系里的重力向量；而向量 r_{c_i} 则给出了连杆 i 的质心相对于惯性系的坐标。所以，n-连杆机器人的总势能为

$$P = \sum_{i=1}^{n} P_i = \sum_{i=1}^{n} m_i g^{\mathrm{T}} r_{c_i} \tag{4.21}$$

通过使用上述的动能和势能表达式，可以推导出欧拉-拉格朗日方程的一种常用形式：

$$\sum_{j=1}^{n} d_{kj}(q)\ddot{q}_j + \sum_{i=1}^{n}\sum_{j=1}^{n} c_{ijk}(q)\dot{q}_i\dot{q}_j + g_k(q) = \tau_k, \quad k=1,2,\cdots,n \tag{4.22}$$

式中，d_{kj} 是 $n \times n$ 惯性矩阵 $D(q)$ 中的元素；$g_k = \dfrac{\partial P}{\partial q_k}$ 是广义重力项

$$c_{ijk} := \frac{1}{2}\left\{\frac{\partial d_{kj}}{\partial q_i} + \frac{\partial d_{ki}}{\partial q_j} - \frac{\partial d_{ij}}{\partial q_k}\right\} \tag{4.23}$$

而 c_{ijk} 项是第一类 Christoffel 符号。

在式(4.22)中包括三种类型的项。第一项 $\sum_{j=1}^{n} d_{kj}(q)\dot{q}_j$ 为惯性力项，与广义坐标的二阶导数有关。第二项 $\sum_{i=1}^{n}\sum_{j=1}^{n} C_{ijk}(q)\dot{q}_i\dot{q}_j$ 为离心力和哥氏力项，当 $i=j$ 时，为离心力项；当 $i \neq j$ 时，为哥氏力项。当机器人速度很小时，可以忽略离心力项和哥氏力项。第三项 $g_k(q)$ 为重力项。通常将式(4.22)写成矩阵形式

$$D(q)\ddot{q} + C(q,\dot{q})\dot{q} + g(q) = \tau \tag{4.24}$$

式中，矩阵 $C(q,\dot{q})$ 的第 (k,j) 个元素定义为

$$c_{kj} = \sum_{i=1}^{n} c_{ijk}(q)\dot{q}_i = \sum_{i=1}^{n} \frac{1}{2}\left(\frac{\partial d_{kj}}{\partial q_j} + \frac{\partial d_{ki}}{\partial q_j} - \frac{\partial d_{ij}}{\partial q_k}\right)\dot{q}_i \tag{4.25}$$

并且重力向量 $g(q)$ 由下式给出：

$$g(q) = [g_1(q), g_2(q), \cdots, g_n(q)]^{\mathrm{T}} \tag{4.26}$$

4.2.2　软体机器人动力学建模方法

Chirikjian 等利用主干曲线(Backbone Curve)建立了超冗余度机械臂的动力学模型，并将其用于计算转矩控制，这是最早发表的连续体机器人动力学建模工作。随后，研究人员试图应用刚性机械臂常用的方法来描述连续体机械臂的动力学。Mochiyama 和 Suzuki 使用欧拉-拉格朗日方法来描述连续体机械臂的动力学。

关键的初始步骤是将主干建模为由无穷小厚度的圆形截面"切片"组成的。沿主干的位置 σ 处的每个切片具有质量 $m(\sigma)$、惯性张量 $I(\sigma)$ 和一次矩 $m(\sigma)$ $r(\sigma)$，其中 $r(\sigma)$ 是从切片几何中心到其质心的距离。总体策略是求出每个切片的动能和势能，然后求出总能量 K 和 P（通过沿主干积分），最后将拉格朗日算子 $L = K - P$ 代入欧拉-拉格朗日方程 $(i = 1, 2, \cdots, n)$

$$\frac{\mathrm{d}}{\mathrm{d}t}\left[\frac{\partial L}{\partial \dot{\theta}_i(\sigma, t)}\right] - \frac{\partial L}{\partial \theta_i(\sigma, t)} = \tau_i(\sigma, t) \tag{4.27}$$

得到动力学模型。其中，θ_i 和 τ_i 分别对应于 n 个被驱动的构型空间变量（广义坐标）和改变它们的驱动力。在该研究中，考虑了不可伸长的连续体机械臂。Tatlicioglu 等后来的工作考虑了可伸长的平面机械臂；然而，得到的封闭 (Closed-form) 模型的复杂性使得应用到非平面机械臂的计算代价太高，只适合于离线仿真，而不适用于基于模型的控制器设计。

目前已经发展出计算效率更高的软体机器人动力学建模方法，四种具有代表性的方法总结如图 4-4 所示。

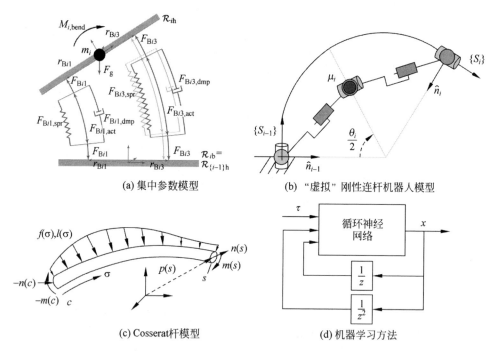

(a) 集中参数模型

(b) "虚拟"刚性连杆机器人模型

(c) Cosserat杆模型

(d) 机器学习方法

图 4-4　主要的几种软体机器人动力学建模方法

1. 集中参数模型

集中参数模型(Lumped-Parameter Model)是研究刚性连杆机器人常用的模型,因为它们虽然非常简单但是功能强大,适用于快速仿真和基于模型的控制。集中参数模型也可以应用于常曲率运动学框架之上。该方法包括将离散的机械元件(如质点、弹簧和阻尼器)附加到运动学框架上,以便近似描述连续弹性或黏性介质的力学行为。

Giri 和 Walker 使用集中参数(质量、弹簧和结构阻尼)和欧拉-拉格朗日方程来近似连续体机械臂的动力学。对于单段机械臂,采用欧拉-拉格朗日方程,建立了沿主体包含三个质点、沿驱动器包含弹簧-阻尼器-驱动器系统的平面模型。实验表明,对于相对较少(小于 20)的离散机械元件,模型和物理样机之间具有很好的一致性。但没有动态结果,仅仅完成静态仿真。

该方法也被用于计算仿生章鱼机械臂的动力学,动态弯曲的仿真结果如图 4-5 所示。该模型考虑水下作业的场景,因此包括浮力和阻力的模型。这些方法通过离散机械元件的各种组合来近似连续体机器人的动力学,以平衡模型的计算复杂性和精度。

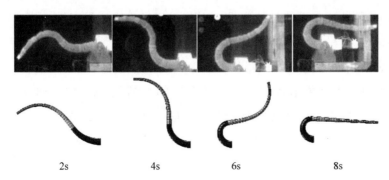

| 2s | 4s | 6s | 8s |

图 4-5　仿生章鱼机械臂弯曲运动的动态结果(样机与仿真对比)

Falkenhahn 开发了波纹管驱动机械臂的集中参数模型,并在 Festo 的仿生操作助手(BHA)上进行了验证。为了推导该模型,对于多段连续体机械臂的每段,选择了集中点质量。基于单个波纹管的质量-弹簧-阻尼器系统,建立了每个驱动器具有弹簧-阻尼器表示的集中段模型,如图 4-4(a)所示,其中 $M_{i,\mathrm{bend}}$ 为第 i 段所受的弯矩,$F_{\mathrm{B}ij,\mathrm{act}}$、$F_{\mathrm{B}ij,\mathrm{spr}}$ 和 $F_{\mathrm{B}ij,\mathrm{dmp}}$ 分别为第 i 段第 j 个波纹管所受的等效驱动力、弹簧力和阻尼力。采用欧拉-拉格朗日方程,建立了一个显式的集中动态机械臂模型,该模型能够得到解析近似,并考虑了并联和串联驱动器的动态耦合。

集中参数模型结构简单，易于直观地理解，而且有时更容易包含附加的复杂现象，如非线性摩擦、材料迟滞和惯性动力学。集中参数模型对于基于模型的控制器设计有益，因为其计算效率非常高，并且已经为柔性多体系统和刚性连杆机械臂开发的方法可以很容易地转移并应用于集中参数模型，如逆动力学控制。

2. "虚拟"刚性连杆机器人模型

Della Santina 等将不可伸长的平面常曲率段与经典的刚性串联机械臂（RPPR）联系起来，在分段常曲率假设和质量分布假设下，使得二者在运动学和动力学上等效，即每个常曲率段的端点与刚性机器臂的相应参考点重合，同时满足常曲率段和刚性机械臂的惯性特性一致，进而实现这两个动力学系统之间的精确匹配，建立平面气动软体臂的动力学模型。在此基础上，实现了曲率动态控制以及笛卡儿阻抗控制和曲面跟踪。进一步地，Katzschmann 等通过将常曲率段简化为经典十关节刚性机器人（RRPRRRRPRR），从而将上述软体机器人动力学公式从二维扩展到三维，并实现了构型空间中的曲线跟踪。同样，对单个常曲率段做了不可伸长的假设。因此无论是二维还是三维动力学模型，都是未考虑连续体机器人伸缩的欠参数化模型。

Wang 等将单段连续体机器人近似为具有一个平面外旋转、两个平面内旋转、同一平面内平移的串联刚性连杆关节空间机器人（RRPR），建立了三维虚拟刚性连杆机器人。该连续体机器人的位形空间由弧长 s、曲率 k 和旋转方向 ϕ 参数化。这种全面参数化考虑了连续体机器人的同时伸缩、弯曲和扭转动作，从而在近似连续体机器人运动复杂性的同时匹配了可控范围。通过使用具有离散关节的、虚拟的、传统的刚性连杆机器人等效模型降低了连续体机器人动力学模型的计算复杂度。

3. Cosserat 杆模型

已有各种经典的弹性理论被成功地应用于描述连续体机器人。广泛使用的弯矩与曲率变化成正比的本构定律（即 $M = EI\Delta\kappa$）源于经典的 Euler-Bernoulli 梁理论。平面大挠度 Euler-Bernoulli 弹性理论及其椭圆函数形式的解析解已被用来描述平面机器人的精确运动。考虑剪切变形的 Timoshenko

梁模型也已被研究。近年来,Cosserat 杆理论已成为建立连续体机器人通用模型的常用工具。该理论不做小挠度几何近似,允许同时考虑剪切和扭转变形,适用于任何非线性应力-应变关系。

从 Pai 等在 2002 年发表的论文开始,Cosserat 杆模型首先在计算机图形学领域流行。首次使用 Cosserat 杆理论对连续体机器人进行建模是由 Trivedireal 完成,虽然 Davis 和 Hirschorn 较早地获得了类似的动力学模型,Chirikkin 也推导出相同的控制方程来对机器人学的结构进行建模。如图 4-4(c) 所示,在静态情况下,经典的 Cosserat 杆模型由下列非线性常微分方程组成,该方程描述了处于静态平衡状态的杆状物体所承载的力和力矩矢量。

$$\dot{n}(s) + f(s) = 0 \tag{4.28}$$

$$\dot{m}(s) + \dot{p}(s) \times n(s) + l(s) = 0 \tag{4.29}$$

式中,字母上面的点号表示对 s 求导,$n(s)$ 和 $m(s)$ 是杆在 s 处承载的内力和内力矩矢量;$f(s)$ 和 $l(s)$ 是外部分布力和分布力矩矢量。

连续 Cosserat 方法是一种无限自由度的模型,用无穷多个无限小的微固体连续堆叠来表示软体机器人(有关非线性弹性理论的详尽论述,包括 Cosserat 杆理论,请参阅 Antman 的著作)。这些微固体可以是二维的,如梁的横截面,也可以是一维的,如壳体的刚性横向纤维。最近,Cosserat 方法已被明确地应用于软体机器人运动和操纵,包括静态和动态条件。这一方法也进一步扩展到气动连续体机械臂,以及受头足类动物启发而用于水下运动的壳状软体机器人的动力学建模。

哈里发大学 Renda 教授提出了离散 Cosserat 方法,将常曲率框架推广到包括扭转、剪切和伸长的 Cosserat 应变,即分段恒应变(Piece-wise Constant Strain)模型来解决软体机器人动力学问题,该方法将摩擦力等因素考虑在动力学模型中。

以上的研究使用 Cosserat 杆模型对连续体机械臂进行动力学仿真,尽管它们的精度和保真度符合软体机器人的连续介质力学,但得到的偏微分方程不适用于快速在线仿真或控制器设计,而是适用于软体机器人在摩擦和外部负载下的一般仿真。

4. 机器学习方法

机器学习方法能够实现从输入变量到任务空间的直接映射,从而简化开发过程。由于不需要中间的驱动空间和构型空间信息,可以仅通过对软体机器人的运动学与动力学参量进行传感反馈(如光学运动捕捉系统、IMU 等),跟踪任务空间变量进行学习。与传统的基于模型的方法相比,纯机器学习的方法不需要推导复杂的解析模型和进行参数辨识实验,也无需对模型做出限制性的假设。因此,这类方法具有可扩展性,可广泛应用于软体机器人的动力学建模。主要缺点是训练阶段需要收集足够多的有效数据,且需要大范围覆盖软体机器人的任务空间。此外,学习后获得的模型没有考虑外部扰动。这些缺点限制了该方法的应用。

Thuruthel 等利用循环神经网络学习软体机械臂的动力学模型,并利用该模型进行软体机械臂的开环预测控制,如图 4-4(d)所示。仿真和实验表明,该方法在建立快速、准确的软体机械臂动力学模型方面具有广阔的应用前景。Gillespie 等通过深度神经网络建立了单自由度气动软体关节的动力学模型,并采用模型预测控制实现了关节指令角在 2°以内的位置控制。实验中分别使用学习得到的模型和推导得到的解析模型进行模型预测控制。结果表明,二者的控制性能相当,但前者的开发时间要明显短于后者。Bruder 等采用基于 Koopman 算子理论的系统辨识方法建立了气动软体机械臂的动力学模型,并证明了相比于其他几种传统的非线性系统辨识方法,该方法能更好地捕捉系统的真实动态行为。该方法可用于构建全局有效的非线性模型,并且无需手动调整多个训练参数。

4.2.3　未来挑战

总而言之,与运动学模型相比,动力学模型的研究进展相对欠缺。软体机器人动力学模型的建立是极具挑战性的工作,其难点主要在于以下方面。

1. 计算复杂性

计算复杂性是软体机器人动力学建模中的一个重要问题。如前所述,传统的动力学推导方法,如欧拉-拉格朗日方程,可以扩展和适用于建立软体机器人动力学模型。这些模型具有与刚性连杆机器人动力学模型相同的关键结构特性,使得软体机器人便于移植刚性连杆机器人的动力学控制方法。但是,软体机器人是连续变形的,理论上有无限多个自由度,这使得动力学模型在计算上极其复杂,难以用于实际的控制任务。目前,在对软体机器人进行动力学建模时,不可避免地需要在模型复杂性、计算量和精度之间进行权衡。建立面向控制的软体机器人动力学模型仍然是一项具有挑战性的研究工作。

2. 非线性与时变特性

一方面,软体材料具有高黏弹性、迟滞和蠕变等非线性特性;另一方面,在进行动力学建模时,往往假设软体材料的特性随时间保持不变。然而,在现实中,随着时间的推移,软体材料容易受外界影响(如热、阳光、湿气和接触的化学物质)而改变其材料特性。软体材料的非线性与时变特性给软体机器人的动力学建模带来了额外的挑战。

3. 负载引起的不稳定性

当施加外部载荷时,大多数软体机器人的细长形状也可能造成整体结构的不稳定。截至目前,多数软体机器人建模工作尚未考虑负载引起的不稳定性,因此在未来这个方向依然有大量的工作需要进行。

4.3 软体机器人控制方法

传统刚性机械臂的运动控制问题是指确定末端执行器执行某一运动指令时所需的关节输入的时间历程(Time History),根据设计控制器时所采用的模型,关节输入可以是关节力和关节扭矩或者驱动器的输入(如电机的输入电压)。运动指令通常被指定为关于末端执行器位置和姿态的一个时间序列或者被指定为一条连续路径。

虽然连续体机器人的设计和建模已日趋成熟,但迄今为止还没有就合适的控制架构达成共识。在传统的串联和并联机器人技术中,科学界在设计(刚性连杆)、驱动(定义为移动关节、转动关节和圆柱关节等)和建模(如 Denavit-Hartenberg 参数)方面达成了共识。这种共识为控制策略的发展提供了一个成熟和共同的起点。相反,连续体机器人驱动方式的不统一、运动学结构和建模方法的差异以及传感器集成的特殊性,阻碍了通用控制方法的发展。

目前,针对软体机器人设计的各种控制器,按控制对象来分,可分为静态控制器和动态控制器。其中,静态控制器是控制变量为零阶的时不变控制器;动态控制器在控制算法中考虑了构型空间或任务空间的变量速度。若按建模方法来分,则可分为基于模型的控制器、无模型控制器和混合控制器。其中,基于模型的控制器依赖于解析模型来推导控制器,无模型控制器使用机器学习技术或经验方法,混合控制器则结合了基于模型和无模型的方法。

下面将重点介绍基于模型的静态控制器、无模型静态控制器、基于模型的动态控制器和无模型动态控制器。

4.3.1　基于模型的静态控制器

软体机器人的高维特性给建模带来了巨大的挑战。尽管如此,可以采用稳态假设来建立易于处理的运动学模型,即在力平衡的情况下,可以用低维状态空间表示来定义软体机械臂的全部构型。因此,"静力学"和"运动学"可以交替使用,尽管这在传统机器人学中不是常见的做法。

1. 基于模型的静态控制器概述

最简单和最常用的运动学或稳态模型假设三维连续体或软体模块的构型空间可以由三个变量参数化,通常称为常曲率近似。它将无限维结构简化为三维结构,从而简化了机械臂的动力学。如果机械臂外形均匀且驱动设计对称,外部载荷效应可以忽略不计,以及扭转效应最小,则这是一个非常好的近似。重要的是要认识到,常曲率模型是基于沿机械臂长度为恒定应变的假设而产生的,因此只有在稳态条件下模型才真正有效。当机械臂构型从低维到高维表示时,运动学可操作度椭球的变化非常小,这可以解释常曲率模型的相对成功。对于多段连续体或软体机械臂,可以将每个常曲率段拼接在一起以建立分段常曲率模型。也可以使用梁理论和Cosserat杆理论寻求更复杂的建模方法。但是,考虑到计算和传感成本,更复杂的模型所带来的精度提高不够显著,因此其使用受到限制。

一旦建立了运动学模型,就需要进行逆运动学求解以获得所需的驱动或构型空间变量。这个问题较为简单,在刚性机械臂领域已被广泛研究,可以利用微分逆运动学(Inverse Kinematics,IK)的方法(如直接求逆或优化)来实现。此外,低级控制器(Low Level Controller)负责驱动或关节空间的跟踪,通常使用简单的线性闭环控制器。摩擦、迟滞、肌腱耦合等因素会导致控制模型与正向稳态模型存在偏差,一般有必要使用驱动器补偿控制技术。

Camarillo等首次提出了对多段机械臂松弛肌腱载荷耦合和肌腱路径耦合

进行建模和补偿的必要性。通过优化得到了用于正向模型和逆向模型的数值估计静态模型。然而仍然缺乏摩擦效应的表达式，该方法仅用于构型跟踪。

线缆驱动器的基本建模难点之一是各部分之间的路径耦合。对于独立驱动方式，只需考虑载荷耦合。在此基础上，研究人员开始研究利用传感器补偿建模不确定性，而无需制定非常复杂的补偿技术。Camarillo 等针对每段具有 5 个自由度的运动学模型首次提出了闭环任务空间控制器这一概念，并进行了实验验证。为此，IK 问题被转化为一个能同时满足正运动学模型和线缆张力约束（以避免松弛）的非线性优化问题，以估算能够减小当前跟踪误差的关节构型。通过在速度级表示运动学，他们的方法在更高精度（亚毫米）和对模型不确定性的鲁棒性方面具有一定的优势，但需要对高级路径规划器进行求解，如图 4-6 所示。直接任务空间控制器的缺点是不稳定（可以通过较低的控制频率来解决）和较慢的收敛速度。

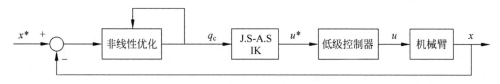

图 4-6　一种闭环任务空间控制器

注：星号 * 表示期望变量值；下标 c 表示命令变量值；IK 表示逆运动学

Bajo 等提出了一种构型空间控制器，该控制器利用构型的外部传感信息和关节变量的内部传感信息来实现对静止构型目标的渐近跟踪。通过提供附加的跟踪信息和建立级联控制器，他们能够在跟踪时变轨迹时减少耦合效应和相位滞后。作为一种构型空间反馈控制器，控制回路在 150 Hz 时运行速度更快。有趣的是，即使在 2 Hz 的任务中也观察到了显著的相位滞后，而相位滞后在低频率的情况下会造成失稳。类似地，Penning 等比较了任务空间和关节空间中的两个闭环控制器，分别如图 4-7 和图 4-8 所示。直接闭环任务空间控制器的优点是即使在模型存在不确定性时也能保证误差的渐近收敛。相反，关节空间控制器可以提供关节变量的独立控制，允许单独调整，因此更稳定，特别是在关节或驱动器运动是离散的情况下表现得更为稳定。注意，对于所有上述控制器，还存在闭环驱动空间控制器，通常是伺服控制器，用来实现跟踪控制。所有这些方法都依赖于常曲率近似进行建模。

随着连续体机械臂的运动学和静力学模型之间的强耦合，开始出现有关柔顺或力控制的控制器。Goldman 等证明了若已知当前的内部驱动力和构型空

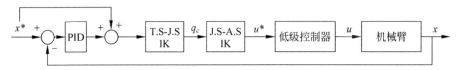

图 4-7　一种闭环任务空间控制器

注：PID 表示比例积分微分

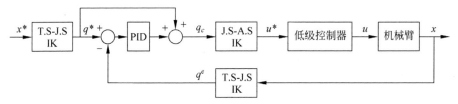

图 4-8　一种任务空间控制器，在关节空间中进行闭环控制

注：下标 c 表示变量估计

间变量，可以形成对外部广义力的估计。利用外力估计和柔度矩阵（将驱动力的变化映射到末端力旋量），提出了一种用于减小外科手术末端力的构型空间控制器。进一步地，Bajo 等实现了构型空间中的力/位混合控制器，如图 4-9 所示。分别使用微分 IK 和构型空间柔度矩阵（将构型空间变量的变化映射到末端力旋量）将期望的运动旋量向量和力旋量向量正交投影（用于将控制指令解耦为可行的运动）并转换到构型空间。

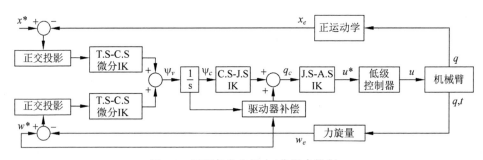

图 4-9　闭环任务空间力/位混合控制

注：下标 v 表示变量的一阶导数

Mahvash 等实现了无需力传感器的力/位混合控制。该控制方法是通过使用 Cosserat 杆理论数值来计算变换矩阵实现的，该变换矩阵映射了连续体机械臂末端由于施加载荷引起的位置变化。利用该变换矩阵，使用不动点迭代法估计了达到特定末端执行器力和姿态的期望关节位置。补偿因摩擦和其他非线性材料行为引起的模型偏差仍然是一个有待研究的课题。

进一步地,由于生物上相似的锥形连续体机器人的兴起,研究人员开始通过扩展常曲率模型来关注更复杂的运动学公式。可变常曲率(Variable Constant Curvature,VCC)模型将单个模块建模为 n 个常曲率段,其中每段的曲率取决于该段的半径,从而创建了一个高维构型空间。Mahl 等首次阐述了三段式气动连续体机器人的 VCC 模型及其分段过程。由于具有冗余度分解和对模型不确定性的鲁棒性等双重优势,分解运动速度算法被用于机器人的闭环控制,如图 4-10 所示。

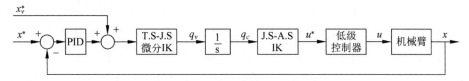

图 4-10　闭环任务空间控制的一阶分解运动速度算法

注:注意与图 4-6 中控制器的相似性,额外的前馈分量允许更快的收敛

Wang 等利用 VCC 模型,提出了利用线缆驱动的软体圆锥机械臂对三维空间中的二维图像特征点进行视觉伺服控制。以减小特征点跟踪误差为控制目标,提出了一种基于微分运动学的控制器。同时还介绍了一种自适应深度估计算法。同样,Till 等详细介绍了实时求解复杂 Cosserat 模型的数值技术,但没有进行控制实验。

与目前的发展相反,Boushaki 等提出了使用简化的运动学模型进行控制。其背后的思想是,由于计算成本低而获得控制频率的增加,可以补偿甚至改善由于运动学不准确而导致的精度降低。然而该方法仅在仿真上得到验证,如果不考虑低级动力学,该方法不能直接转移到相同频率下的真实场景。另一方面,Largilliere 等介绍了使用异步有限元分析(Finite Element Analysis,FEA)进行静力学建模的数值精确方法。使用二次规划(Quadric Programming,QP)算法进行优化以获得逆解,该逆解用于控制高频驱动器,同时低频回路 FEM 仿真给 QP 求解器提供输入。

基于模型的静态控制器的最新发展考虑到设计方面的因素。Conrad 等将闭环任务空间控制器应用于连续体—刚性交错的机械臂。该方法的主要思想是利用性能良好的刚性连杆与柔性元件串联来补偿跟踪期望末端位置时的误差,从而获得更低的跟踪误差界限。然而对于高维系统而言,这种设计的可扩展性仍然是一个问号。目前,机械臂的设计都是在底座上设置刚性部件,但是要想串联增加更多的部件会比较困难。

相反,Marchese 等实现了完全由低硬度弹性体制成的气动软体机械臂的运动学控制,分别在构型空间和驱动空间(此处为气缸位移)中使用级联 PI-PID 控制来实现对构型空间变量的跟踪。从任务空间到构型空间的 IK 得到了非线性约束优化。上述两种方法都对构型空间模型采用常曲率近似。

2. 基于模型的静态控制器总结

基于模型的静态控制器是目前应用和研究最广泛的连续体和软体机器人控制策略。大多数基于模型的控制器依赖于常曲率近似,因为更复杂的模型计算成本高昂,并且跟机器人的设计相关。然而,随着常曲率模型在完全软体机器人上的验证及其在诸多连续体和软体机器人控制中的广泛应用,它仍然是对均匀、低质量软体臂进行静态控制的最可靠和最容易应用的方法之一。其他更复杂的方法由于计算成本和必须估计的诸多参数,并没有取得很好的性能改进。在对同一平台上各种建模方法的比较中也观察到了这一点。有鉴于此,无模型方法提供了另一种方法来开发更复杂、更精确、特定于机器人设计的模型,而无需事先了解底层结构。

在操作空间方面,闭环构型空间控制器或关节空间控制器可以实现更稳定和更快速的控制,但不能保证误差收敛,除非有一个理想的正向模型(Forward Model)可用。闭环任务空间控制器理论上可以提供最好的精度。在驱动方面,肌腱驱动的系统更难建模,而气动机械臂需要更多的传感器。

4.3.2　无模型静态控制器

1. 无模型静态控制器概述

基于无模型的连续体和软体机器人控制方法是一个相对较新的领域,提供了广泛的可能性。虽然这些依赖于数据的方法已经有效地用于刚性机械臂领域,但对于连续体机械臂并非如此,尽管从直观上来看,无模型方法在连续体机械臂上应该会表现得更好。

Giorelli 等第一次使用无模型方法开发静态控制器。该方法使用神经网络直接学习非冗余(相对于驱动空间和任务空间)软体机器人的逆静力学。虽然该方法在仿真中能够正确地预测到达任务空间目标所需的线缆张力,但该方法无法扩展到冗余系统,并且未考虑真实软体机器人的随机性。对二自由度和三自由度线缆驱动的软体机械臂进行了相同方法的实验验证,并与由数值精确模型推导得到的 IK 模型进行了比较。有趣的是,简单的基于神经网络的方法明显优于计算复杂的解析方法。最终的控制器与图 4-11 类似,但没有反馈分量。

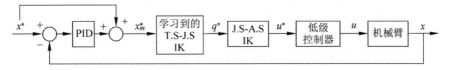

图 4-11　一种通用的无模型闭环任务空间控制器

注：下标 m 表示辅助变量

　　Rolf 等提出了一种生成用于 IK 学习的样本的有效探索算法。其主要思想是利用 goal babbling 为高维冗余系统生成从任务空间到驱动空间的样本。由于探索是面向目标的,因此可以允许有效地探索(通过避免重新访问已探索的任务空间或驱动空间区域)和选择期望的冗余度分解方案。最后,使用自组织映射对生成的样本学习 IK 映射。通过与跟踪误差成比例地虚拟移动目标位置以生成新的参考位置,得到了用于减小由于模型的随机性引起的跟踪误差的反馈方案,如图 4-11 所示。

　　Yip 等提出了一种高度鲁棒、精确和通用的连续体机器人闭环任务空间控制方法,如图 4-12 所示。该方法通过增量移动每个驱动器进行在线运动学雅可比矩阵经验估计,进而实现最优控制策略。优化是为了最大限度地减少控制量,并使线缆保持张紧。由于没有用于控制的内部模型,因此作者将这种方法称为"无模型控制"。虽然该方法解决了连续体机器人控制中的诸多困难,甚至允许在非结构化环境中进行操作,但控制频率非常低。Yip 等将同样的原理推广到力/位混合控制,其中刚度矩阵也是通过经验计算得到的。与其他力/位混合控制器类似,当机械臂处于接触状态时,参考位置和力成正交投影。

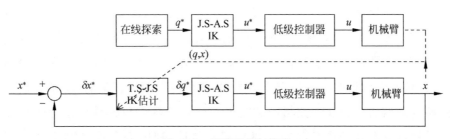

图 4-12　无模型控制策略

最近的无模型方法主要集中在学习连续体机器人的 IK 表示。Melingui 等提出了一种学习从任务空间到关节空间(此处为电位器电压)的直接映射的方法。该方法首先使用神经网络训练正运动学模型,然后使用远端监督学习将训练完的模型的网络求逆。然而,该方法没有考虑机械臂的随机性,也没有校正反馈误差。作为对前一项工作的改进,Melingui 等试图通过开发自适应子控制器来解决关节空间(电位值)和驱动空间(腔体压力)之间映射的随机性问题。这是因为对于肌腱驱动,驱动空间和关节空间是线性相关的,而对于气动驱动,还必须考虑驱动空间和关节空间之间的非线性映射。该子控制器包括一个改进的 Elman 神经网络和一个多层感知器控制器,前者模拟驱动器运动学,后者学习控制驱动器变量。然而,关节空间和任务空间之间的运动学映射被认为是非随机的,实际上不一定是这样。

Thuruthel 等提出了用于学习 IK 的另一种技术,其中 IK 问题被转化为使用局部映射的微分 IK 问题。这样既可以实现冗余度分解,又可以减少随机效应。然而,该方法仅在连续体和软体机械臂上进行了仿真验证。该方法的另一个优点是它在全局范围内对 IK 问题具有多种解决方案,即使某些驱动器在学习过程结束后失去了功能,也可以工作。Thuruthel 等用反馈控制器进行强化的类似建模方法也得到了实验验证。还观察到,即使使用简单的反馈控制器,也可以在非结构化环境中获得智能行为。

研究人员也尝试了迁移学习,然而仅限于仿真。Malekzadeh 等开发了一种算法,将到达技能从仿真的变曲率章鱼手臂迁移到仿真的常曲率软体机械臂。其思想是通过表示数据联合分布的高斯函数的加权组合来设计动态运动基元。该方法与统计回归方法相结合,使其对环境中的外部扰动具有鲁棒性。虽然该方法看起来很有希望,但它需要更多的实验工作来证明其潜力。

在最近的一项工作中,Ansari 等在强化学习架构内优化多个目标,以学习软体机械臂模块的确定性静态策略。虽然它工作在高维,但对外部干扰很敏感。Qi 等尝试了基于模糊逻辑的控制器。其思路是使用基于先验知识的局部近似和插值函数来得到运动学雅可比的数值估计。该方法可以实现更快的计算,但是相比于数据驱动的机器学习方法,优势并不明显。最后,将基于模型和无模型方法相结合的混合控制器被提出。Lakhal 等将机械臂建模为多个具有一个平移自由度和两个旋转自由度的段。然后,利用多个神经网络分解冗余度,得到从任务空间到高维构型空间的映射。构型空间到驱动空间的映射采用解析方法,因为这样更简单。该方法有一个明显的局限性,即需要很多的传感信息。作者是通过从某些经验数据中综合得到的传感信息。

Jiang 等采用极坐标法,使用 PCC 近似对构型空间到任务空间的映射进行解析建模。在考虑一阶黏弹性效应的情况下,学习了驱动空间到构型空间的映射。Rolf 等采用反馈策略来提供高跟踪精度,但仅限于平面机械臂。Reinhart 等的研究表明,只要学习由解析模型(常曲率模型)引起的模型误差,就可以获得更好的正向模型和 IK 模型。通过这种方式,还可以利用解析模型(如零空间运动)的优势以及学习方法的一般性。

2. 无模型静态控制器总结

无模型方法的主要优点之一是无需定义构型空间或关节空间参数,并且与软体臂形状无关。因此,可以根据样本数据和传感噪声的丰富性来建立任意复杂的运动学模型。这可能就是为什么无模型方法对于高度非线性、不均匀、受重力影响、在几乎不可能建模的非结构化环境中工作的系统表现更好的原因。然而对于在已知环境中表现良好的小型软体臂,基于模型的控制器仍然更准确和可靠。此外,由于无模型方法的黑箱性质,很难建立稳定性分析和收敛性证明。静力学和运动学控制器假设软体臂各段之间的动态耦合很少或没有。

正如前文提到的,静力学和运动学控制器依赖于稳态假设,这阻碍了软体臂准确、快速的运动。因此,考虑软体臂动态行为的控制器对于更快、更灵活、更有效、更平滑的跟踪以及不能忽略耦合效应的情况非常重要。

4.3.3 基于模型的动态控制器

1. 基于模型的动态控制器概述

连续体和软体机器人控制中最具挑战性的领域可能是考虑整个机械臂的完整动力学的非静态控制器的开发。开发动态控制器需要建立运动学模型和相关的动力学方程。运动学模型很难建立,基于这些不精确模型的动力学方程更加剧了模型的不确定性。相反,即使有精确的运动学和动力学模型,合适的控制器也需要高维传感反馈。此外,由于它们的欠驱动特性,一些动态特性和扰动在本质上是不可控的。开发可靠的参数估计算法和精确的传感信息也是至关重要的。

连续体机器人动力学控制最早的理论研究之一是由 Gravagne 等完成的。通过对平面多段连续体机器人的仿真,验证了简单的前馈和反馈 PD 控制器可以实现对设定点的指数跟踪。前馈分量输入满足静态保持力矩的驱动器力矩,反馈分量保证设定点位置的收敛。类似的实验研究表明,简单的比例控制器可以调节平面连续体机器人的方向,带耦合补偿的 PD 控制器可以抑制机械臂的振动。然而这些研究是在没有捕捉到连续体和软体机器人真实非线性的简化模型上进行的。

Kapadia 等通过仿真演示了第一个连续体机器人的闭环任务空间动态控制器。利用常曲率模型建立了二维多段机器人的运动学模型,并利用集中动力学参数以欧拉-拉格朗日形式给出了相应的构型动力学模型。这种模型与刚性机器人动力学模型的一个主要区别是因弯曲和拉伸而增加的势能(仅取决于运动学构型)。在该动力学方程中,利用运动学模型可以用任务空间状态变量代替构型状态变量。注意,在计算高阶状态时运动学模型中的小误差将呈指数上升,从而影响动力学模型的精度。设计的控制器是 PD-计算转矩控制器,其中辅助控制信号用任务空间变量来表示,还添加了一个用于控制零空间中的构型空间的附加项。虽然控制器的鲁棒性是通过添加高斯白噪声来证明的,但是由于控制器依赖于常曲率近似,其性能只能通过实验来验证。然而,同一模型的常曲率模型的有效性受到了 Trivedi 等的质疑。此外,控制器的稳定性证明是在假设运动学和动力学模型是在理想的情况下推导出来的。

Kapadia 等在仿真中使用滑模控制器对相同的运动学和动力学模型进行了控制,但是仅用于闭环构型空间控制。为此一阶(假设输入与输出的相对度为 2)滑模面被定义为滤波后的跟踪误差。与简单的基于逆动力学的 PD 控制器相比,滑模控制器的优点是对模型的不确定性具有较强的鲁棒性,缺点是较慢的误差收敛、颤振和更高的增益要求。Kapadia 等用一个平面三段连续臂对该方法进行了实验评价,并与构型空间中一种简单的基于反馈线性化的 PD 控制器进行了比较。结果表明,滑模控制器在精度和速度方面表现较好,表明模型不确定性较大。此外,给出了一种用于遥操作的任务空间控制器,该控制器对低频目标具有良好的跟踪性能。

考虑到气动驱动器的动态特性比肌腱驱动的驱动器更慢,非线性程度更高,针对气动机械臂的最优动态控制器的研究开始出现。Falkenhahn 等利用仿真演示了一种轨迹优化方法,其目标是估计最优轨迹,以减少过渡时间和驱动器的抖动。以质量流为轨迹变量,以运动学约束(常曲率模型)、驱动器动力学约束和边界约束对非线性优化问题进行了求解。沿着同样的思路,Marchese等提出了软体平面机械臂综合动力学模型的轨迹优化方案,如图 4-13 所示。利用常曲率模型表示机械臂的运动学,推导出机械臂在构型空间中的动力学模型。详细推导了根据气缸位移和参考输入计算广义力矩的方法。以系统运动学、动力学、边界条件和跟踪目标为约束,采用直接配置法的同时辨识最优广义力矩和相应的机械臂状态。目标函数用于最小化末端执行器的速度。优化问题用于获得驱动器的最优参考输入,以实现初始轨迹。将控制问题作为优化问题来解决的另一个优点是,它减少了对高级路径规划器的需求。开环策略成功地以很高的概率到达了静态不可达的目标点。这是软体机械臂领域的第一次演示。即使这样,为了获得最佳性能,也需要在试验之间采用迭代学习控制方案来重新辨识系统参数。

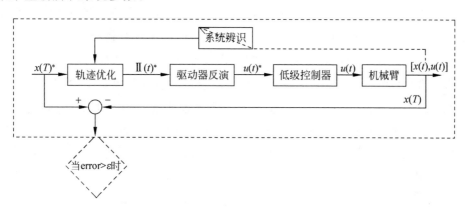

图 4-13　开环动态任务空间控制的轨迹优化算法

Falkenhahn 等提出了另一种综合的基于模型的控制器。运动学基于常曲率模型,动力学模型在关节空间中表示,提出了一种关节空间的 PD-计算转矩控制器。为了将动力学模型中使用的广义转矩转换为期望的驱动器压力,提出了一种反演方案。实验结果表明,即使没有 PD 项,也能得到良好的结果,验证了动力学模型的有效性。进一步地,Falkenhahn 等考虑了气动腔室的动力学。在此基础上,将内环解耦 PD-计算转矩控制器级联到现有控制器上,如图 4-14所示。考虑气体动力学非常重要,因为与电磁驱动器的动力学相比,气体动力学的响应速度更慢,非线性更强。由于控制器没有考虑驱动器和运动学约束,其性能受到限制。

Best 等最近提出了一种有趣的软体机器人设计和控制方法。该软体仿人

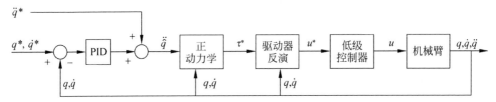

图 4-14　基于反馈线性化的关节空间动态控制器

机器人的关节与传统的转动关节相似。因此,机械臂的运动学可以像传统的刚性机器人一样建模,从而能够通过经验辨识得到更简单的动力学模型。此处忽略了重力和交叉耦合效应,推导了关节转矩与压力之间的关系式。由于简化了模型和设计,可以在高频(300 Hz)下实现关节空间的模型预测控制器(MPC)。

2. 基于模型的动态控制器总结

动态控制器对于工业应用非常重要,因为在工业应用中,时间和成本与精度一样重要。连续体和软体机械臂的基于模型的动态控制器仍处于发展初期,因此,在设计、建模和控制中有许多问题需要解决。将控制输入(电压、气压或编码器值)直接映射到任务空间变量的动态模型应该为任何基于模型的控制方法提供理想的性能。目前,大多数动力学控制方法都集中在关节空间控制上,只有少数例外。即使在这种情况下,由于计算的复杂性,对于平面均匀机械臂,控制器也必须设计成开环。然而如果前馈控制器是完美的,这将是最理想的选择。MPC 允许低增益精确控制,是控制这些连续体和软体机械臂的理想选项。目前它们的应用仅因动力学模型的计算复杂性而受到限制。

随着计算能力、传感能力的提高和智能控制器的增加,可以期待基于模型的动力学控制器有更好的发展。或者,另一种值得考虑的途径是基于机器学习的方法,用于学习开环控制器、进行动力学补偿或学习黑箱的动力学模型。

4.3.4　无模型动态控制器

1. 无模型动态控制器概述

连续体和软体机械臂动态控制的无模型方法仍然是一个相对未开发的领域。尽管如此,最早使用机器学习技术来控制连续体机器人是为了补偿动态不确定性,如图 4-15 所示。然而,该方法仅描述了关节变量的闭环动态控制。该控制结构由基于不确定非线性系统连续渐近跟踪控制策略的反馈分量(类似于二阶滑模控制器)和由神经网络构成的前馈分量组成。神经网络的目标是补偿动态不确定性,从而降低不确定性边界,提高反馈控制器的性能。

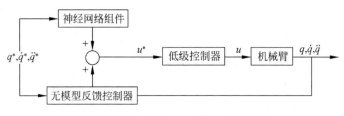

图 4-15　关节空间中的无模型动态控制器

在强化学习领域,Engel 等建立了章鱼臂的仿真多段动态平面模型。然后,将到达某一点的任务建模为隐马尔可夫模型,并通过非参数高斯时域差分学习算法进行在线求解。其基本思想是通过贝叶斯推理学习动作-价值函数,并由此推导出最优控制策略。Silver 等的研究表明,Actor-Critic 强化学习方法可以解决连续动作空间中相同的问题。然而在实践中采用该方法的一个重大挑战是降低生成解决方案的实时成本。

目前,第一个直接从驱动空间到任务空间的动态控制器在三维软体气动机械臂上进行了实验演示。该方法包括使用一类循环神经网络学习正动力学模型,并对学习到的模型进行轨迹优化。这类控制器揭示了软体机械臂的动态行为在速度、工作空间体积和效率方面可以到达的不同区域。无模型方法的优点很明显,建模容易,传感要求低。然而,由于计算的复杂性,该控制器是纯开环的,并且只在单段机械臂上进行了实验验证。

2. 无模型动态控制器总结

综上所述,虽然无模型方法为开发动态控制器提供了一种相对简单的途径,但实际应用受到训练时间或稳定性问题的限制。尽管如此,这仍是一种值得考虑的控制器方案,特别是随着训练循环动态网络的算法的鲁棒性越来越高。另外,将基于模型的方法和无模型的方法相结合的混合控制器也是另一个值得考虑的可行方法。

4.3.5　讨论

综上所述,连续体和软体机械臂的控制器设计不仅与应用有关,而且还受到机械臂设计、驱动器和传感器可用性的影响。因此,很难在同一框架下比较和对比所有的方法。但是，根据设计、驱动和应用，可以观察到一些趋势。依赖于高精度制造的小型机械臂的医疗应用，由于可靠性和高度可控的环境，倾向于使用基于模型的方法。同样，几何形状不均匀和高度非线性的机械臂由于缺乏更好的解析模型，所以倾向于使用无模型方法。对于非结构化环境中的操作，目前只有无模型的方法显示了良好的效果。

关于未探索的研究领域，混合控制方法和动态控制的无模型方法明显存在空白。应用机器学习来学习从驱动空间到任务空间或构型空间的动态映射是一种可行的研究方法。同样，结合基于模型和无模型方法的混合学习方法是一个很有前途的研究方向。此外，结合系统先验知识的机器学习算法也将提供一种更快、更稳定的学习方式。另一个被忽视的话题是低级控制器（驱动器动力学）在更高级控制架构的整体稳定性和响应方面的重要性。

连续体和软体机械臂为非结构化环境中的复杂任务提供了技术解决方案。由于其质量轻、结构紧凑和固有的安全结构，它们可以在各种复杂的情况下使用基本的控制策略。目前软体机器人的发展趋势是基于针对特定应用的新型驱动、设计、传感和控制技术的个体努力。然而这些元素之间以及它们与环境之间的相互依赖关系往往被忽视。将计算负担外包给身体（形态计算）的可能性已经被广泛考虑，甚至在传感反馈的作用下被实验证明。从控制的角度来看，这相当于一个零滞后自适应反馈控制器。在某些情况下已经实现了对该内部控制器的开发。有理由相信，未来软体机器人控制器的发展也将朝着这个方向发展，复杂机械臂的形态特性也将被用于更精确、更鲁棒和更灵巧的操作。

习题

1. 用 DH 参数法推导分段常曲率模型中从构型空间到任务空间的映射 $f_{\text{independent}}$。

2. 推导单段、三驱动器连续体机器人分段常曲率模型中从驱动空间到构型空间的映射 f_{specific}。

3. 对于处于静态平衡状态的 Cosserat 杆，其所承载的力和力矩分布如图 4-16 所示，推导 Cosserat 杆的平衡微分方程式（4.28）和式（4.29）。

4. 分析和比较集中参数模型、"虚拟"刚性连杆机器人模型、Cosserat 杆模型和机器学习方法四种动力学建模方法的优缺点。

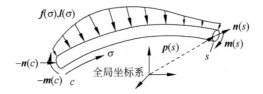

图 4-16　处于静态平衡状态的 Cosserat 杆所承载的力和力矩分布

5. 分析和比较基于模型的静态控制器、无模型静态控制器、基于模型的动态控制器和无模型动态控制器四种软体机器人控制方法的优缺点。

第 5 章　软体机器人的应用

　　水下生物灵巧的结构与高效的运动机理为软体机器人的设计提供了丰富的灵感。基于柔性材料的仿生软体机器人能够和生物体一样通过不同结构、不同形态变化获取不同的运动模式。目前,形状记忆合金(Shape Memory Alloy, SMA)、介电弹性体(Dielectric Elastomer,DE)、离子聚合物-金属复合材料(Ionic Polymer-Metal Composites,IPMC)、水凝胶等智能材料与纤维增强结构、气动网格结构、颗粒阻塞结构等软体结构已经应用于软体机器人的构建与驱动,使软体机器人实现了爬行、跳跃、滚动、游动等多种仿生运动。同时,软体机器人凭借出色的安全性和目标物适应性,在抓持、医疗康复等领域有着巨大的应用前景。

5.1　仿生、特种与极端环境

5.1.1　仿生软体机器人

　　在仿生软体机器人方面,软体机器人已实现了爬行、跳跃、游动、蠕动和滚动等多种仿生运动,进一步加强了人类对软体组织和软体结构等的生物运动学与力学的理解。在仿生机器人领域较早地应用软体机器人技术是利用气动肌肉来取代电动机驱动。例如,Festo 公司设计的仿人手臂 Airic's arm,通过 30个气动肌腱控制人工骨骼结构,实现了对人类手臂结构的高度仿真。但这类机器人只是将驱动方式改为类肌肉的软体驱动器,本体结构还多为刚性。相比之下,该公司的象鼻机器人采用气动驱动的方式实现了机器人本体的连续变形,提高了整体的柔顺性和安全性,为软体机器人的发展提供了新的契机。此外,该公司还研发了多种仿生软体机器人,比如模仿鱼尾鳍的自适应抓手 DHAS、模仿变色龙舌头的自适应抓手 DHEF,以及基于气动纤维波纹管单元的仿生软体臂和软体手等,如图 5-1 所示。

　　基于超弹性材料的仿生软体机器人可以像生物体一样改变自身的形状、刚

(a) 自适应抓手DHAS

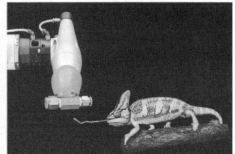
(b) 自适应抓手DHEF

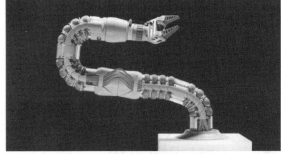
(c) 仿生软体臂

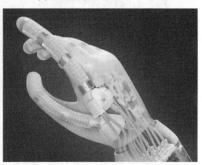
(d) 仿人软体手

图 5-1　Festo 仿生软体机器人

度与运动模态,从而更加高效、安全地与自然界进行交互,为仿生机器人的发展提供了新的发展思路。早在 1991 年,日本东芝公司和横滨国立大学合作研发了一种三通道的纤维驱动器,该驱动器能够实现伸长、弯曲和扭曲等基本动作,既可以完成拧螺丝等复杂操作,又可以模仿腿式机器人行走,如图 5-2(a)所示。2007 年,日本冈山大学与大阪大学合作,利用纤维增强驱动器研发了一种蝠鲼机器人,仅仅通过控制两个驱动器的弯曲就可以在水里游动。2011 年,美国哈佛大学 Whitesides 课题组研发了基于流体弹性驱动器的气动四足软体机器人,通过有序地驱动五个驱动器可以产生爬行和起伏两种运动模态。该机器人可以在冰雪、炭火等极端环境下作业,并且可以承受汽车碾压等巨大压力。但为了搭载驱动控制单元,机器人本体较为庞大。2012 年,该课题组通过改变样机的颜色实现了伪装等功能,相关工作发表在 *Science* 上,如图 5-2(b)所示。2014 年,美国 MIT 的 Rus 课题组用流体弹性驱动器作为鱼尾驱动研发了一种自主游动的软体机器鱼,将能源、驱动和控制集成于一体,实现了水下自由游动和快速逃逸。2018 年,该课题组利用超声控制机器鱼,实现了真实野外环境的水下勘探,并发表在 *Science Robotics* 上,如图 5-2(c)所示。2015 年,哈佛大学的

(a) 微小型软体移动机器人　　　　　　(b) 软体四足机器人

(c) 软体鱼　　　　　　　　　　(d) 软体弹跳机器人

(e) 多材料3D打印的仿生章鱼机器人　　　(f) 生物细胞驱动的鳐形目鱼机器人

(g) 软体蠕虫机器人Meshworm　　　　(h) 形状记忆合金仿生章鱼机器人

图 5-2　几种典型的仿生软体机器人

Wood 课题组利用多材料 3D 打印技术研制了一种弹跳机器人,通过将不同刚度梯度的材料组合在一起,该机器人既保证了与刚性驱动部件的可靠结合,又提高了自身的跳跃性能。同时,该机器人采用爆破能来驱动,虽然不可控,但是摆脱了传统气缸驱动的束缚,为机器人的小型化设计提供了新的方案,相关研

究发表在 *Science* 上,如图 5-2(d)所示。2016 年,Wood 课题组和 Lewis 课题组合作,利用多材料 3D 打印制作了全软的仿生章鱼机器人,使用燃料分解来提供能源,使用微流体逻辑单元来控制各腔道的运动,相关研究发表在 *Nature* 上,如图 5-2(e)所示。同年,哈佛大学的 Parker 课题组还将小鼠细胞植入鳐形目鱼机器人中,实现了生物细胞驱动的 Cyborg 机器人,并发表在 *Science* 上,如图 5-2(f)所示。

将智能材料嵌入机器人本体中,通过控制材料的变形来模仿生物的运动,也是软体仿生机器人一个很好的突破。例如,2011 年美国塔夫茨大学的 Trimmer 课题组就将形状记忆合金作为驱动嵌入硅胶里面,研发了一种仿毛毛虫机器人 GoQBot,揭示了毛毛虫快速滚动的运动机理。2013 年,美国 MIT 的 Rus 课题组将形状记忆合金编织成网状结构并研发了一种仿生蠕虫机器人 Meshworm,不但实现了蠕动动作,还具有很强的抗冲击性能,如图 5-2(g)所示。2015 年,意大利仿生机器人实验室的 Mazzolai 课题组利用形状记忆合金与软材料相结合,研发了一种多臂章鱼机器人,可以像生物一样在水中行走,还能抓取各种形状和大小的物体,如图 5-2(h)所示。

与刚性仿生机器人相比,软体仿生机器人不仅实现了生物的某些运动和功能,而且通过材料模仿生物组织的运动,比刚性机器人更能贴近生物原型。从类生物材料和结构上对仿生机器人进行研究是刚性机器人很难完成的,这比功能上的仿生更能揭示生物体的运动学和力学特性。并且类生物材料和结构上的仿生可以使机器人像生物体一样思考和决策,衍生新的仿生机器人算法,使仿生机器人更加智能化。而且随着智能材料的不断突破,机器人的能源、驱动、传感反馈等有了更好的解决途径,研发从前不可能实现的新型仿生机器人也成为可能,如微纳机器人、自愈机器人等。

5.1.2　仿生水下软体机器人

在海洋环境中具有高效、高机动捕食、移动能力的水下生物(如鱼类、软体动物类等)为仿生水下软体机器人的设计提供了丰富的灵感。目前,仿生水下软体机器人相关研究主要面向模仿章鱼触手的水下抓取,模仿鲫鱼、章鱼吸盘的水下吸附,模仿鱼类、水母的水下游动三个方面展开。

1. 水下抓取

海洋中头足纲软体动物(如章鱼等)拥有多吸盘阵列的、具有多自由度弯曲、伸缩和扭转功能的软体触手,能够完成抓握、捕食、移动等复杂动作。章鱼在水下所表现出的柔顺、高效的捕食与移动特性给了软体机器人学者一系列的仿生灵感。意大利仿生机器人实验室的 Mazzolai 教授课题组通过模仿章鱼肌肉研制出了仿生软体章鱼肌肉,该触手纵向采用绳索驱动,横向采用形状记忆合金驱动,可在水下伸长、收缩和弯曲,如图 5-3(a)所示。在此基础上,该课题组模仿章鱼的形态学与运动学机理,集成了具有抓捕与移动独立功能的仿生软体章鱼臂,研制了具有八个仿生软体触手的章鱼机器人。通过多软体章鱼臂的协同作用,该机器人能够完成水下自如行走、穿越障碍与卷曲抓取物体等工作,如图 5-3(b)所示。北京航空航天大学文力教授课题组与德国 Festo 公司联合研制了仿生软体章鱼触手。该机器人模仿了章鱼抓捕时的缠绕与吸附动作,能够快速地对目标物进行缠绕,同时利用触手弯曲内侧的吸盘对目标物进行吸附;缠绕与吸附的结合,使得仿生软体章鱼触手能够对多种不同尺寸、不同形状、不同姿态的物体实现安全、稳定抓持,如图 5-3(c)所示。

在深入理解章鱼等水下软体生物高效抓捕机制的基础上,结合软体机器人与生俱来的安全、目标物适应性等优势,研究人员进一步探索了水下软体抓持器的新材料、新结构、新应用。哈佛大学 Wood 教授课题组将气动网格结构软体抓持器及纤维增强结构软体缠绕驱动器集成在水下刚性机械臂上,应用于水下易损生物样本的采集,并成功在浅海无损采集珊瑚样本,如图 5-3(d)所示。该课题组还结合纤维增强结构研制了可独立弯曲或扭转的单自由度腕关节模块组,并完成模拟环境下 2300m 水压测试,如图 5-3(e)所示。随后,该课题组集成上述模块,研制出数据手套控制的软体臂样机,并应用在海洋 700m 深处抓取展示中。需要指出的是,该软体臂尚未具备基于逆运动学模型的可控性,无法根据目标物的位置进行运动学反解、实现精确定位抓取。康奈尔大学 Baxter 教授课题组将基于颗粒阻塞原理的软体抓持器应用于水下环境,并成功在 1200m 海洋深处完成驱动实验,如图 5-3(f)所示,实现 35N 的最大抓取力,具有 10s 的驱动延滞。麻省理工学院的赵选贺教授课题组利用水凝胶材料研发了一种水下软体驱动器,可以在水环境中很好地伪装,躲避视觉和声呐探测。北京航空航天大学文力教授课题组研发了一种水下软体抓持器,并探索了其水下抓取时的流场结构等水动力学特性。

2. 水下吸附

在仿生软体吸附方面,研究人员相继开发出一些能够模仿生物吸附的软

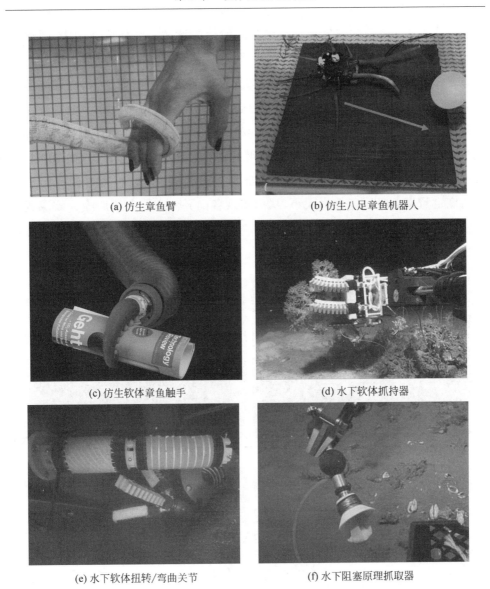

(a) 仿生章鱼臂　　　　　　　　　　(b) 仿生八足章鱼机器人

(c) 仿生软体章鱼触手　　　　　　　　(d) 水下软体抓持器

(e) 水下软体扭转/弯曲关节　　　　　(f) 水下阻塞原理抓取器

图 5-3　软体机器人水下抓取研究

体吸盘。路易克拉克大学 Autumn 教授从壁虎在竖直墙壁上的迅速攀爬行为获得灵感,与斯坦福大学合作研制出壁虎机器人 Stickybot。该机器人能够在空气环境下的光滑壁面上爬动,如图 5-4(a)所示。水下的仿生吸附相关机理近来也取得一些研究进展,美国布鲁克林学院 Setlur 研究组仿照章鱼吸盘制成了人造吸盘,并成功模拟了生物章鱼吸盘的水压调节过程。意大利理工学院 Follador 研究组通过对章鱼吸盘的吸附动作研究,利用 DE 制作出了仿生吸盘,如图 5-4(b)所示。上海交通大学付庄教授课题组在深度研究章鱼吸盘的基础上研发出 SMA 驱动的仿生吸盘,SMA 以弹簧的形式嵌入软体结构中,通电驱动使 SMA 弹簧收缩或扩张从而产生吸附力。意大利 Sadeghi 研究组仿照海胆的管足形态结构制作出具有硬质内核与柔性软质外皮的吸盘结构,探索海胆管足的吸附过程,如图 5-4(c)所示。北京航空航天大学文力教授课题组通过深入研究鲫鱼吸盘结构学与水下吸附运动学机理,利用多材料 3D 打印及微激光加工技术研制出一体化成型、多材料硬度梯度的仿生软体鲫鱼吸盘样机,如图 5-4(d)所示。该样机能够产生相当于 340 倍自身重力的吸附力;可通过调节鳍片抬起角度定量调节吸附摩擦力大小,从而实现各向异性摩擦力的调控。该课题组将仿生鲫鱼吸盘样机集成在水下机器人上,完成了水下机器人在不同表面上的自主吸附-脱附实验。

(a) 仿生壁虎爬壁机器人

(b) 介电弹性体仿生章鱼吸盘

(c) 仿生海胆管足

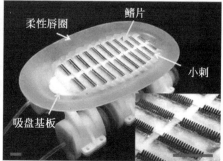
(d) 仿生软体鲫鱼吸盘

图 5-4　软体机器人水下吸附研究

3. 水下游动

水下游动的软体机器人具有类似柔性生物组织的柔顺连续变形的驱动结构,能够模仿鱼类等水下生物柔顺连续的游动模式,一些可模仿鱼类及无脊椎

类生物推进的软体机器人也先后出现。麻省理工学院 Rus 教授课题组研制出
一种用于 C 形启动的快速逃逸机器鱼，其大部分鱼身由高弹性软体材料加工而
成，并集成了驱动、控制等各个子系统，在自主导航条件下实现了海洋环境下的
自由游动，如图 5-5(a)所示。麻省理工学院 Triantafyllou 教授课题组研制了一
种可以模仿章鱼喷射水流以快速逃逸的软体机器人，能够在逃逸过程中产生大
幅收缩形变，使得该机器人在极短时间内产生高速射流，从而提高了逃逸速度，
如图 5-5(b)所示。日本冈山大学 Suzumori 教授课题组研制了一种蝠鲼机器鱼，
由两个可以双向弯曲的气动软体驱动器驱动，实现了水下自由游动，如图 5-5(c)
所示。韩国首尔国立大学 Ahn 教授课题组研制了 SMA 驱动的仿生蝠鲼，能够
实现拍动、波动等不同推进方式，如图 5-5(d)所示。浙江大学李铁风教授课题

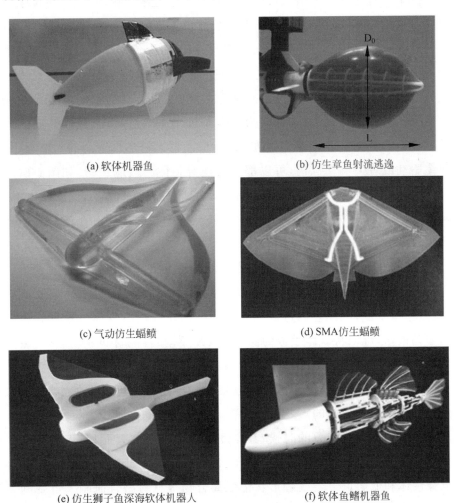

(a) 软体机器鱼　　　　　　　　　　　(b) 仿生章鱼射流逃逸

(c) 气动仿生蝠鲼　　　　　　　　　　(d) SMA仿生蝠鲼

(e) 仿生狮子鱼深海软体机器人　　　　(f) 软体鱼鳍机器鱼

图 5-5　软体机器人水下游动研究

组研制了一种仿生狮子鱼深海软体机器人,将刚性电子器件分布集成在软体硅胶材料中以承受深海静水压力,应用 DE 肌肉使该机器人在马里亚纳海沟成功驱动,如图 5-5(e)所示。北京航空航天大学研制出由 IPMC 驱动、可在水中自如游动的小型机器鱼,及具有柔性鳍膜与柔性驱动、可模仿鱼鳍波动、收合等多运动模态的仿生尾鳍、仿生背鳍,并将软体鱼鳍集成在机器鱼平台上,探究了鱼在不同推进条件下的自推进水动力学特性,如图 5-5(f)所示。

5.2　抓取、操作与可穿戴

　　机械手一直是众多科研人员的研究热点。经过数十年的发展,传统刚性手的研究已日趋成熟并且在工业上得到了应用。大部分的刚性手设计将电动机、力矩传感器和位置传感器等布置在关节处,将压力传感器等布置在手指表层或指尖,机械结构设计复杂。并且需要将多传感融合,运用复杂的控制算法才能完成抓取任务。尽管如此,因为自身缺乏柔顺性和适应性,它们极有可能损坏易碎的、易变形的和柔软的物体。为了提高机械手的适应性,人们开始研究基于柔顺机构的机械手设计。比如通过减少驱动器而增加自由度的欠驱动手,通过线缆驱动或者欠驱动机构,可以部分实现对物体的适应包覆,如图 5-6(a)所示。此外,人们还研发了可以随着物体被动变形的机械手结构,比如德国 Festo 公司研发的 Fin-ray 抓持手、基于几何拓扑结构的自适应手和基于颗粒阻塞的通用软体手等,分别如图 5-6(b)和图 5-6(c)所示。

　　近期,软体机器人领域和材料科学领域的不断突破将机械手的研究推向了一种更简单、更通用的研究方向——软体手。软体手大多由弹性硅胶材料制成,可以连续变形,所以它们可以轻松地环抱物体和适应物体。根据软体手不同的驱动策略,可以将软体手分为四类:线缆驱动、智能材料驱动、表面吸附和流体驱动。与欠驱动机械手不同,线缆驱动的软体手大部分采用硅橡胶材料制作主体,从而保证手和物体全方位的软接触。智能材料可以在如声、光、电、热等外界刺激下改变自身的形状,是研究微小型软体手的最佳方案。比如,介电弹性体在受到麦克斯韦力的时候,其厚度会减小从而增大面积,人们充分利用这种电场下的内应力研制了介电弹性体 MES 软体手,如图 5-7(a)所示,并且将介电弹性体和低熔点合金或者形状记忆聚合物等材料融合研制了可变刚度的软体手,如图 5-7(b)所示。但是该软体手需要很高的电压才能驱动。离子聚合物

(a) 欠驱动手

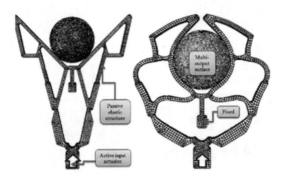

(b) Fin-ray 抓持手

(c) 基于颗粒阻塞的通用软件手

图 5-6　基于被动机制的机械手

金属复合材料是另一种可以制作软体手的电活性聚合物,但是由于这种材料的亲水性,这类软体手只能在手下应用,如图 5-7(c)所示。形状记忆合金的马氏体相变效应也被用来驱动软体手,如图 5-7(d)所示,并且它在相变时的变刚度效应也被用在变刚度软体手的研发中。此外,有的科学家还将导电纳米颗粒如铁粉等以及液态合金与硅胶结合,研制了电磁驱动的微型软体手。还有利用智能材料的热变形、光驱动和溶胀效应制作的微型软体手,如图 5-7(e)所示。

(a) 基于介电弹性体的MES软体手

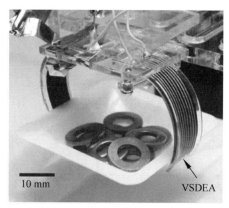

(b) 介电弹性体和低熔点合金结合的软体手

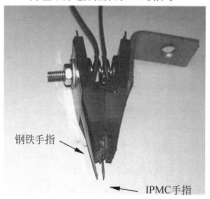

(c) IPMC软体手

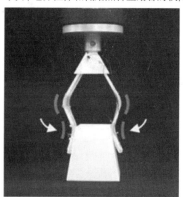

(d) 基于SMA的软体手

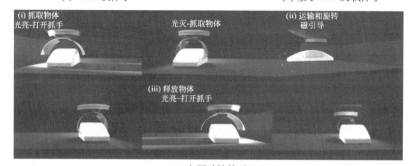

(e) 光驱动软体手

图 5-7　基于智能材料的软体手

对于那些基于吸附机理的软体手,广为人知的就是基于壁虎刚毛的吸附,在正向压力下,这种微结构可以产生很大的范德华力,从而实现光滑物体的贴附抓取。科学家将壁虎刚毛微结构和弹性基底或者流体弹性驱动器结合,研发了可以抓取数百倍于自身质量的软体手,如图 5-8(a)所示。另外一种基于吸附机理的软体手是利用静电吸附的电吸附软体手,如 Grabit Inc. 公司研发的软体手和基于介电弹性体的电吸附软体手,分别如图 5-8(b)和图 5-8(c)所示。

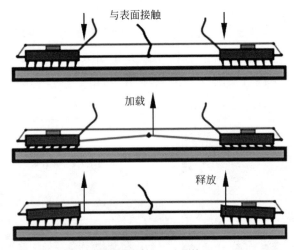

(a) 基于壁虎刚毛的软体手

(b) 基于电吸附的软体手　　　　(c) 基于介电弹性体和电吸附的软体手

图 5-8　基于吸附机理的软件手

流体弹性驱动器因为其低成本、高鲁棒性和易加工的特点被广泛应用在软体手中,与其他类型的软体手相比,它们不需要高电压、干净的物体表面和电磁场或水等这些特殊环境需求。为了实现弯曲包覆动作,基于流体弹性驱动器的软体手都设计为非对称几何结构[如图 5-9(a)所示]或者由各向异性材料制备而成,从而保证在压力驱动下将腔道的伸长转换为弯曲运动。在软体手中最为常见的流体弹性驱动器是纤维增强驱动器和特殊几何非对称形状的驱动器。这种基于流体弹性驱动器的软体手被广泛应用于点到点抓取、可穿戴软体手套、水下伪装作业和自修复软体手等,如图 5-9(b)~(d)所示。此外,为了丰富软体手的传感功能,各种各样的传感器也相继被研发出来,比如基于透明硅胶的可延展的光波导传感器、基于霍尔效应的弯曲传感器、弹性织物制作的电容传感器,以及用液态合金制作的各种应变传感器、压力传感器等。由于流体弹性驱动器多为硅胶材料制成,在某些同时要求负载和柔顺性的场合下不能输出足够的力或者承受大的载荷,所以有科学家开始引入变刚度机制,研发变刚度软体手。例如,基于颗粒阻塞的变刚度软体手、利用低熔点合金和形状记忆聚合物等智能材料的变刚度软体手等。

(a) 非对称几何结构软体手

(b) 纤维增强驱动器软体手

(c) 水下伪装软体手

(d) 自愈修复软体手

图 5-9　基于流体弹性驱动器的软体手

习题

1. 简述在水下抓取应用中软体臂相比于刚性臂的优势。

2. 生物的吸附方式可以分为互锁、摩擦力和黏结,查阅相关文献,简述这三种吸附方式的基本原理和对应的典型生物以及仿生软体机器人。

3. 简述 SMA 驱动、IPMC 驱动和 DE 驱动用于水下驱动时各自的优势。

4. 鱼类的游动方式主要分为 BCF 和 MPF 推进模式,查阅相关文献,简述这两种推进方式的特点和对应的典型生物以及仿生软体机器人。

5. 简述 Fin-ray 抓持手的结构特点和抓取机制。

第6章 软体机器人未来展望

软体机器人主要由软体材料制成,具有高度的自由度和灵活性。它可以根据周围环境主动或被动地改变自身形状,在很大程度上弥补了传统刚性机器人的不足,将机器人的设计、建模、控制和应用推向了更高的平台。现有的软体机器人已经有了一定的发展,在工业、军事、医疗、勘探等领域具有独特的优势。然而,软体机器人的发展也面临着诸多挑战,从材料选择、结构设计,到感知与控制均存在许多问题需要深入研究。因此,研制具有多功能、高集成度、高智能化的软体机器人,需要仿生、材料、机械、控制等多方面的共同努力。

6.1 材料、设计与制造

现有的软体材料如 SMA、水凝胶、IPMC 等已经趋近成熟,并推动软体机器人的发展,但这些材料在应力、应变、寿命、价格等方面仍然存在一些问题,不能满足软体机器人高速发展的现状。软体机器人通过仿生学实现其适应性、弹性与流变特性,可考虑将其与生物材料直接联系,通过合成材料与生物材料联合、材料科学与生物工程科学有机结合,开发出更具生物相容性和生命性的新型软体材料。可以预见,由天然肌肉组织和软体电子材料等组成的合成细胞将代替现有的软体材料,进一步推动软体机器人的发展。软体机器人的智能材料和仿生结构对制造方法提出了更高的要求。虽然 3D 打印技术可以极大地提高软体机器人的制造水平,但在打印材料和打印对象上仍有很大的局限性。

如果有一台打印机可以同时打印软驱动材料、变刚度材料等智能材料和导电传感材料,这将会加速软体机器人的发展。未来的软体机器人的发展,有望采用仿生与结构优化相结合的方法实现系统设计,通过刚-柔共融的方式应对不同任务需求,实现高度柔性化、多功能化、控制精准化、高亲和度等性能特点,在更加广泛的领域发挥作用。

6.2　驱动与传感

　　软体机器人多采用智能材料和智能结构,通过机械预编程可以完成一定的动作,实现了驱动本体一体化。随着嵌入式柔性传感器和柔性电子技术的不断发展,软体机器人的驱动传感一体化成为可能。将传感器集成到软体机器人本体中,可使机器人感知更多的外界信息,如软体手在抓握物体时可以感知物体的形状,在灾难救援中可以感知生命体信息,在野外作业中可以感知障碍物和目标物等。但是实现软体机器人的驱动传感一体化仍面临着很多科学问题。例如,如何把传感器嵌入机器人本体? 如何在不影响机器人本体的力学特性的同时提高传感器的精度、响应频率等? 这些都是值得深入探索并亟待解决的问题。

6.3　建模与控制

　　由于软体机器人具有无限自由度,而现实中驱动器个数是有限的,要实现精确实时控制是一个十分具有挑战性的工作。因此,研究软体机器人的仿生智能控制算法非常有意义。这需要研究用有限维模型描述软体机构无穷维分布参数模型的等效方法,综合考虑模型复杂性与系统控制性能,建立基于优化方法的等效控制模型。研究分布式神经系统控制与经典控制方法相结合的算法,实现对机器人形态与位姿的精确控制。

　　对于具有多种、大量传感的软体机器人系统,如何有效地利用其多传感特性进行闭环作业是一个重要问题。机器学习方法在这类问题上提供了很好的处理方法,Shepherd 等将机器学习方法用于软体结构内多个光纤传感的排布设计优化上 ,Sundaram 等则利用机器学习对触觉手套上的数百个传感数据进行建模处理。软体机器人研究涉及多模态应变传感的设计及处理,因此在未来的研究中,需要结合机器学习方法:一方面进行样机表面应变传感分布的合理优化设计;另一方面,开发针对大量多模态传感数据的处理算法,以提高软体机器人的环境认知、决策规划以及人机交互等能力。

习题

1. 请给出你认为最有发展前景的软体材料及理由。

2. 论述目前的软体材料 3D 打印技术存在的局限性。

3. 除 6.2 节中列出的问题外,实现软体机器人的驱动传感一体化还面临哪些科学问题?

4. 目前,软体机器人建模与控制领域前沿的研究方向有哪些?

5. 试描绘十年后软体机器人可能实现的人机交互应用场景。

参 考 文 献

参考文献详见下方二维码。